# Wissensspeicher Astronomie

Bernhard | Lindner | Schukowski

Volk und Wissen Verlag GmbH

Autoren:
Dr. Helmut Bernhard
Dr. Klaus Lindner
Prof. Dr. Manfred Schukowski

Die Deutsche Bibliothek - CIP - Einheitsaufnahme

**Wissensspeicher Astronomie** / Bernhard ; Lindner ;
Schukowski. - 1. Aufl. - Berlin : Volk-und-Wissen-Verl., 1995
ISBN 3-06-081705-7

**ISBN 3-06-081705-7**

1. Auflage
© Volk und Wissen Verlag GmbH, Berlin 1995
Printed in Germany
Redaktion: Bettina Rosenkranz
Zeichnungen: Rita Schüler
Illustrationen: Karl-Heinz Wieland
Layout: Hansmartin Schmidt
Einband und Typographie: Wolfgang Lorenz
Satz: DTP VWV
Repro: C R I S, Berlin
Druck und Binden: Westermann Druck Zwickau GmbH

# Inhalt

5

In diesem Buch verwendete Symbole:
↗ Hinweis auf ein anderes Schlagwort
■ Beispiel

# Gegenstand, Methoden und Mittel der Astronomie

## ALLGEMEINES

### Astronomie

Wissenschaft von den physikalischen Eigenschaften, der chemischen Zusammensetzung, dem Aufbau, der räumlichen Verteilung, den Bewegungen und der Entstehung und Entwicklung kosmischer Objekte.

Die Astronomie gehört zu den ältesten Naturwissenschaften.

↗ Zeittafel zur Geschichte der Astronomie, S. 182

**Forschungsgegenstand.** Zustand und Entwicklung des Weltalls sowie der in ihm enthaltenen Systeme und Himmelskörper:

Sonnensystem und seine Mitglieder, Sterne und Sternhaufen, Galaxien und Galaxienhaufen, Haufen von Galaxienhaufen, Gesamtheit des überschaubaren Weltalls.

**Wissenschaftsbereiche.** Die Astronomie wird in Teilgebiete gegliedert, zwischen denen es vielfältige Beziehungen gibt. Da den Einteilungen unterschiedliche Gesichtspunkte zugrunde liegen, überschneiden sich die Wissenschaftsbereiche teilweise.

| Einteilung nach der Art der untersuchten Strahlung | |
| --- | --- |
| Teilgebiet | Untersuchte Strahlung |
| *Optische Astronomie* | elektromagnetische Wellen mit Wellenlängen von etwa 400 nm ... 800 nm [1] (optischer Bereich, Licht) |
| *Nichtoptische Astronomie* Radioastronomie | nicht sichtbare Strahlungen: elektromagnetische Wellen mit Wellenlängen von etwa 1 mm ... 20 m (Radiofrequenzstrahlung) |
| Infrarotastronomie | elektromagnetische Wellen mit Wellenlängen von etwa 0,001 mm ... 1 mm (Infrarotstrahlung) |
| Ultraviolettastronomie | elektromagnetische Wellen mit Wellenlängen von etwa 10 nm ... 400 nm (Ultraviolettstrahlung) |
| Röntgenastronomie | elektromagnetische Wellen mit Wellenlängen von etwa 0,01 nm ... 10 nm (Röntgenstrahlung) |
| Gammaastronomie | elektromagnetische Wellen mit Wellenlängen kürzer als etwa 0,01 nm (Gammastrahlung) |
| *Neutrinoastronomie* | von kosmischen Objekten abgestrahlte Neutrinos |
| [1] 1 Nanometer (nm) = $10^{-9}$ m | |

**1**

| Einteilung nach der Zielsetzung und den angewandten Methoden | |
|---|---|
| Teilgebiet | Zielsetzung/Methoden |
| *Klassische Astronomie* | Bestimmung der Positionen und Bewegungen der Himmelskörper mit astrometrischen und himmelsmechanischen Methoden |
| Astrometrie (sphärische Astronomie, Positionsastronomie) | Vermessung der Positionen der Gestirne an der Himmelskugel sowie Methoden und Instrumente zur Ausführung dieser Aufgabe |
| Himmelsmechanik | Untersuchung der Bewegungen der Himmelskörper im Raum, die sie unter dem Einfluß der Gravitationskräfte ausführen; Bestimmung der Bahnen von Himmelskörpern (insbesondere von Körpern des Sonnensystems) |
| *Stellarstatistik* | Untersuchung der räumlichen Verteilung und Bewegung der Sterne mit statistischen Methoden, um den Aufbau des Milchstraßensystems (und anderer Sternsysteme), die inneren Bewegungsverhältnisse sowie die Verteilung der Sternsysteme im Raum zu erforschen |
| *Astrophysik* | Erforschung der physikalischen Eigenschaften und chemischen Zusammensetzung der kosmischen Objekte und deren entwicklungsmäßige Veränderungen durch Untersuchung ihrer Strahlung nach Intensität, Polarisation und Zusammensetzung sowie durch theoretische Untersuchungen |
| *Kosmogonie* | Erforschung der Entstehung und Entwicklung der Himmelskörper |
| *Kosmologie* | Erforschung der Struktur und Entwicklung des gesamten Weltalls |

## Weltall, Kosmos, Universum

Gesamtheit des mit Stoff und Energie erfüllten Raumes. Gegenwärtig ist der astronomischen Forschung ein Raum mit einem Radius von etwa 4 Milliarden Parsec (ungefähr 13 Milliarden Lichtjahren) zugänglich. In diesem derzeit überschaubaren Teil des Weltalls ist schätzungsweise eine Gesamtmasse von etwa 5 Trilliarden ($5 \cdot 10^{21}$) Sonnenmassen verteilt.

↗ Entfernungseinheiten, S. 111
↗ Sonne, S. 99

## Gravitation

Universelle Wechselwirkung aller Materie, die mit deren Eigenschaft, Masse zu besitzen, verbunden ist.
Eine spezielle Bezeichnung der Gravitation als Schwerkraft kennzeichnet die Anziehung von Massen in der Nähe der Erde oder anderer Himmelskörper durch die Masse der Erde bzw. der anderen Himmelskörper.

↗ Gravitationsgesetz, S. 48
↗ Gravitationsbeschleunigung, S. 120

## Himmelskörper, Gestirn

Alle natürlichen Körper im Weltall, insbesondere Sterne und Planeten. Im weiteren Sinne auch Monde (Satelliten), Planetoiden, Kometen und Meteorite.

## Interstellare Materie

Gas- und Staubwolken großer Ausdehnung, aber geringer Dichte zwischen den Sternen im Milchstraßensystem und in anderen Sternsystemen. Gas und Staub kommen in der interstellaren Materie meist gemeinsam vor, wobei der Gasanteil im Mittel 99 % der Wolkenmasse ausmacht.

↗ Aufbau des Milchstraßensystems, S. 140
↗ Gas und Staub im Sonnensystem, S. 95
↗ Interplanetare Materie, S. 95; ↗ Intergalaktische Materie, S. 154

## Felder im Weltraum

Gebiete im Weltraum, in denen jedem Ort ein bestimmter Wert einer physikalischen Größe (Gravitationskraft, elektrische Feldstärke, Magnetfeldstärke u. ä.) zugeordnet ist.

**Gravitationsfeld.** Jeder Körper ist infolge seiner Masse von einem Gravitationsfeld umgeben. Jedem Ort des Gravitationsfeldes ist eine Feldstärke $G \cdot m \cdot r^{-2}$ zugeordnet ($G$ = Gravitationskonstante, $m$ = Masse, $r$ = Abstand vom Massezentrum). Die Arbeit, die nötig ist, um eine Probemasse im Gravitationsfeld eines Körpers von einem Ort ins Unendliche zu bringen, ist gleich dem Produkt aus der Masse des Probekörpers und dem Gravitationspotential $G \cdot m \cdot r^{-1}$ des Gravitationsfeldes. Gravitationsfelder strahlen von jeder Masse im Weltraum radial in alle Richtungen aus.

↗ Gravitationsgesetz, S. 48

**Magnetfeld.** Erde, Sonne und viele andere Himmelskörper sind von Magnetfeldern unterschiedlicher Stärke umgeben.
Die Magnetfelder entstehen durch physikalische Vorgänge innerhalb dieser Objekte und beeinflussen andererseits die physikalischen Zustände an den Oberflächen und in der Umgebung dieser Himmelskörper.

↗ Erdmagnetfeld, S. 65; ↗ Magnetfeld der Sonne, S. 100
↗ Sonnenaktivität, S. 104; ↗ Magnetfeld der Sterne, S. 121

In Wolken interstellaren Gases werden Magnetfelder durch die Bewegung elektrisch geladener Teilchen (Ionen, Plasma) erzeugt.

↗ Interstellares Gas, S. 144; ↗ Interplanetares Magnetfeld, S. 47
↗ Intergalaktische Materie, S. 154

**Strahlungsfelder.** Kosmische Gebiete, in denen sich Energie in Form von elektromagnetischen Wellen oder materiellen Teilchen ausbreitet.
Bei einer elektromagnetischen Wellenstrahlung breiten sich um den Ort der Strahlungsquelle (z. B. Sonne, Sterne) elektrische und magnetische Felder aus. Ihre Stärke ist an jedem Ort periodisch veränderlich.
Bis in die Mitte des 20. Jahrhunderts konnten von allen von den Gestirnen ausgesandten elektromagnetischen Wellen nur die Lichtwellen untersucht werden. Um 1950 kam die Radiostrahlung dazu. Durch die Raumfahrt steht heute das gesamte elektromagnetische Spektrum für astronomische Untersuchungen zur Verfügung.

**1**

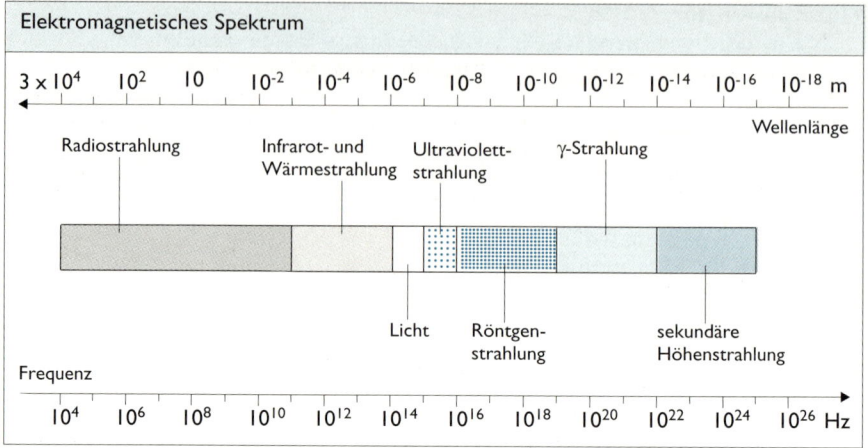

### Erkenntnisgrenzen

Technische oder naturgesetzlich bedingte Grenzen der menschlichen Erkenntnis. Die Erkenntnisgrenzen in der Astronomie können zeitweilig oder grundsätzlich gegeben sein.

**Technisch bedingte Erkenntnisgrenzen.** Sie sind durch die Art und die Empfindlichkeit der Geräte und der Methoden gegeben. Mit verbesserten und neuen Arten von Geräten und Methoden werden sie weiter hinausgeschoben.

- Die Erfindung und ständige Verbesserung der Fernrohre ließ die Zahl der beobachtbaren Objekte stark ansteigen.
- Die astronomische Nutzung der Fotografie machte viele weitere Himmelsobjekte sichtbar.
- Die Radioastronomie weitete den der Beobachtung zugänglichen Teil des elektromagnetischen Spektrums aus.
- Die Möglichkeit der Beobachtung außerhalb der Erdatmosphäre erschloß im Zusammenhang mit der Entwicklung neuer Instrumente (z. B. Röntgenteleskop) praktisch den gesamten Bereich der elektromagnetischen Wellen.
- Mit Hilfe der Raumfahrt konnten im Sonnensystem Untersuchungen „vor Ort" vorgenommen werden.
- Durch die Beobachtung von Neutrinos oder den Nachweis der hypothetischen Gravitationswellen könnten in Zukunft gänzlich neue Beobachtungsbereiche gewonnen werden.

**Naturgesetzlich bedingte Erkenntnisgrenzen.** Die in den Informationsträgern (z. B. elektromagnetische Wellen, Gravitationswellen, Neutrinos) verschlüsselten Nachrichten breiten sich höchstens mit Lichtgeschwindigkeit aus. Daher ist der Blick in die räumliche Tiefe des Weltalls immer auch ein Blick in seine zeitliche Vergangenheit.

- Das Licht des 650 Lichtjahre entfernten Polarsterns informiert über seinen Zustand vor 650 Jahren. Über einen jüngeren Zustand können wir prinzipiell nichts erfahren.

Das derzeit überschaubare Weltall entstand vermutlich vor 15 ... 20 x $10^9$ Jahren. Alle Informationen über Ereignisse, die sich in diesem Weltall abspielten, können aus einer Entfernung von maximal 15 ... 20 x $10^9$ Lichtjahren stammen.
Nachrichten über das Vorher und Außerhalb können uns darum nicht erreichen. Die Menschen können nicht über den zeitlichen Anfang der Welt hinausblicken.

**Ereignishorizont.** Durch die endliche Ausbreitungsgeschwindigkeit des Lichtes und das begrenzte Alter des Kosmos bedingte prinzipielle Erkenntnisgrenze.
↗ Struktur und Entwicklung des Kosmos, S. 155

**1**

## METHODEN DER ASTRONOMISCHEN FORSCHUNG

### Beobachtung
Bewußte und zielgerichtete Wahrnehmung realer Objekte und Erscheinungen. Sie ist für die Astronomie das wichtigste Mittel, um Kenntnisse über kosmische Objekte zu gewinnen und um die Wahrheit theoretischer Aussagen zu prüfen.

Bewußtheit und Zielgerichtetheit beziehen sich auf
• Auswahl der Objekte,
• Studium der Erscheinungen,
• Auswertung der Beobachtungsergebnisse.

Bei der astronomischen Beobachtung ist es nicht möglich, durch menschliche Einwirkung einen bestimmten kosmischen Vorgang zu verändern oder zu wiederholen. Der Beobachter kann also die Beobachtungsobjekte nicht beeinflussen; er bleibt in bezug auf den Ablauf des Vorganges passiv.

■ Untersuchung der äußeren Bereiche der Sonnenkorona
Sie können nur beobachtet werden
• während einer totalen Sonnenfinsternis,
• von einem Beobachtungsort aus, der sich in der Totalitätszone befindet,
• wenige Minuten lang,
• bei wolkenfreiem Himmel.

Diese Bedingungen muß der Beobachter bei der Planung, Durchführung und Auswertung seiner Arbeit beachten.
Wichtigste Fragen bei der astronomischen Beobachtung:
• Aus welcher Richtung kommt die beobachtete Strahlung?
• Wie groß ist die Intensität der beobachteten Strahlung?
• Wie ist die beobachtete Strahlung zusammengesetzt?

### Experiment
Kontrollierte, planmäßige und absichtsvolle Einwirkung auf ein Objekt, bei der die Bedingungen bewußt geschaffen und nach Bedarf verändert werden.
Experimente sind wiederholbar.
Beim Experimentieren wirkt der Mensch aktiv auf die untersuchten Objekte und Erscheinungen ein.
In der Astronomie sind Experimente relativ selten.

11

■ Untersuchung der chemischen Zusammensetzung eines Mondes oder eines Planeten
(nach Rückführung von Bodenproben auf die Erde oder an Ort und Stelle durch automatische Laboreinrichtungen).
Das Untersuchungsobjekt kann in diesem Falle jederzeit und beliebig lange
• unterschiedlichen chemischen Reaktionen,
• unterschiedlichen physikalischen Einwirkungen unterworfen werden.

### Theorie
Systematisch geordnete Menge von Aussagen; in den Naturwissenschaften Resultat der gedanklichen Verarbeitung der Ergebnisse von Beobachtungen und Experimenten.
Dabei werden diese Ergebnisse erklärt, zur *Überprüfung von Hypothesen* herangezogen sowie für die Schaffung von Denkmodellen und zur *Vorhersage* von Erscheinungen eingesetzt.

**Modell.** In der Astronomie versteht man unter einem Modell eine gedankliche - oft mathematisch formulierte - Widerspiegelung einer Klasse astronomischer Objekte im menschlichen Bewußtsein, die bezüglich einer oder mehrerer Eigenschaften gleichartig sind.
Viele individuelle Eigenschaften der Objekte werden dabei vernachlässigt, andere hinzugefügt.

■ Ein *Sternmodell* ist ein System von Gleichungen, die den physikalischen Zustand eines Sterns beschreiben, einschließlich der dazugehörigen Randbedingungen.

**Modellrechnung.** Die Schaffung eines (mathematischen) Modells erfordert wegen der Kompliziertheit der mathematischen Operationen einen erheblichen Rechenaufwand.

■ Eine Theorie der Sternentwicklung entstand erst, nachdem durch den Einsatz von Computern in der 2. Hälfte des 20. Jahrhunderts umfangreiche und komplizierte Berechnungen im mathematischen Modell der Sternentwicklung relativ schnell ausgeführt werden konnten. Die Grundlagen für diese Theorie waren zwischen 1930 und 1940 gelegt worden.

## ASTRONOMISCHE BEOBACHTUNGSINSTRUMENTE

### Optische Teleskope
Beobachtungsinstrumente, mit deren Hilfe von den kosmischen Objekten
- mehr Licht gesammelt wird, als es dem menschlichen Auge möglich ist,
- vergrößerte Bilder erzeugt werden können.
Das vom Objekt kommende Licht fällt auf eine lichtsammelnde Optik (Objektiv), die in ihrer Brennebene ein reelles, umgekehrtes, verkleinertes Bild des Objekts erzeugt.
Dieses Bild wird
- bei *visueller* Beobachtung mittels einer Vergrößerungsoptik (Okular) betrachtet.
  *Vorteil:* sofort verfügbares, anschauliches Bild
  *Nachteil:* geringe Empfindlichkeit, keine Speichermöglichkeit

- bei *fotografischer* Beobachtung auf einer lichtempfindlichen Schicht (Fotoplatte, Film) entworfen.
*Vorteil:* anschauliches Bild, zuverlässige Speicherung
*Nachteil:* geringe Empfindlichkeit
- bei *fotoelektrischer* Beobachtung auf einem lichtelektrischen Empfänger (Bildverstärker, Halbleiter-Bildaufnahmeelement, z. B. CCD) entworfen.
*Vorteil:* anschauliches Bild, sehr hohe Empfindlichkeit, zuverlässige Speicherung in digitaler Form
*Nachteil:* geringeres Auflösungsvermögen als fotografische Schicht

Durch den Übergang von visueller zu fotografischer oder fotoelektrischer Beobachtung wird die Reichweite eines Fernrohrs (das ist die Fähigkeit, immer schwächere Objekte der Beobachtung zugänglich zu machen) erheblich erhöht. Objektiv und Okular sind in einem Rohr oder in einer Gitterkonstruktion (Tubus) so montiert, daß die Entfernung zwischen beiden zur Einstellung der höchsten Bildschärfe verändert werden kann.

## Refraktor (Linsenfernrohr)

Das Objektiv ist beim Refraktor eine Sammellinse bzw. eine als Sammellinse wirkende Kombination optischer Linsen. Durch die Zusammenstellung verschiedener Linsen zu einem Objektiv kann die lichtsammelnde Wirkung des Objektivs dem Verwendungszweck des Refraktors angepaßt werden.

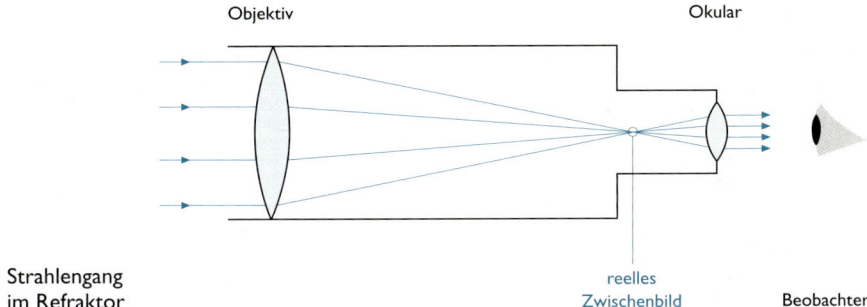

| Instrumententyp | Beobachtung | Höchste Bildschärfe |
|---|---|---|
| visueller Refraktor | mit dem Auge | im grünen Spektralbereich |
| fotografischer Refraktor (Astrograph, Astrokamera) | fotografisch | im blauen Spektralbereich |

Wegen der Schwierigkeiten bei der Herstellung großer optischer Linsen und bei ihrer Halterung (Gefahr des Durchbiegens) in den Objektivfassungen der Teleskope wurden Refraktoren nur bis zu einer maximalen Objektivöffnung von 1,02 m gebaut.

■ Der größte *visuelle* Refraktor befindet sich im Yerkes-Observatorium in Williams Bay, Wisconsin, USA (Objektöffnung 1,02 m).

**1**

- Der größte *fotografische* Refraktor befindet sich im Astrophysikalischen Institut in Potsdam (Objektivöffnung 0,8 m; Tubuslänge ≈ Objektivbrennweite = 12 m).
- Ein *Feldstecher* (Fernglas) ist ein kleiner visueller Refraktor, in dem der Strahlenverlauf durch Prismen mehrfach umgelenkt wird. Dadurch weisen Feldstecher eine sehr geringe Länge auf und erzeugen - im Gegensatz zu allen astronomischen Teleskopen - aufrechte Bilder. Sie werden meist als Doppelfernrohre konstruiert.

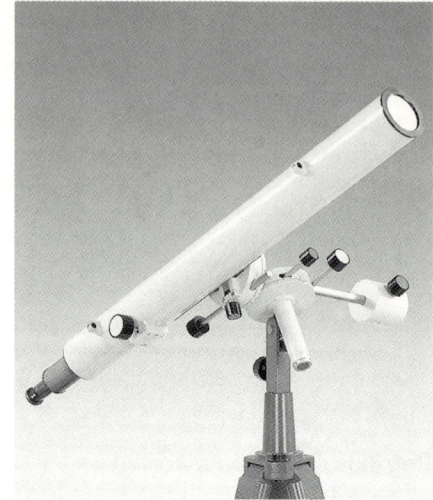

Refraktor

### Reflektor (Spiegelteleskop)

Das Objektiv ist beim Reflektor ein Hohlspiegel (Kugelkappe oder Paraboloid). Reflektoren können mit weit größeren Abmessungen hergestellt werden als Refraktoren.

- Die größten aus einem einzigen Glasblock hergestellten Reflektoren befinden sich im Astrophysikalischen Spezial-Observatorium Selentschukskaja, Kaukasus, Russische Föderation (Objektivdurchmesser 6 m, Brennweite 24 m) und im Hale-Observatorium, Mt. Palomar, USA (Objektivdurchmesser 5,08 m).

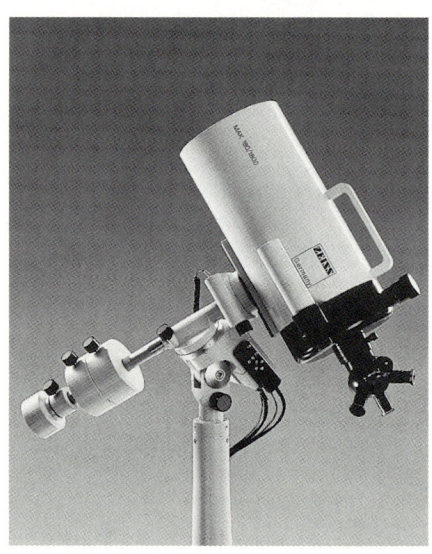

Reflektor

Reflektoren werden in verschiedenen Ausführungen hergestellt. Sie unterscheiden sich darin, ob und wie das vom Hauptspiegel reflektierte Licht aus dem Tubus herausgelenkt wird (↗ S. 15).

- Beim *Schmidt-Teleskop* (Schmidt-Spiegel), das sich durch eine hohe Abbildungsgüte über ein großes Gesichtsfeld hinweg auszeichnet, durchlaufen die Strahlen bereits vor der Reflexion am Hauptspiegel eine kompliziert geformte Linse, die Korrektionsplatte. Schmidt-Teleskope sind nur für fotografische Beobachtung geeignet.

■ Das größte Schmidt-Teleskop der nördlichen Erdhalbkugel befindet sich in der Thüringer Landessternwarte Tautenburg bei Jena (Hauptspiegeldurchmesser 2 m, Korrektionsplattendurchmesser 1,34 m, Brennweite 4 m).

| Refraktor | Reflektor |
|---|---|
| Objektivlinsen müssen beidseitig bearbeitet (geschliffen und poliert) werden. | Der Spiegel braucht nur auf einer Fläche bearbeitet zu werden. |
| Objektivlinsen müssen spannungs- und schlierenfrei sein. | Der Spiegel braucht nur eine optisch einwandfreie Oberfläche zu haben. |
| Objektivlinsen können nur am Rand in einer Fassung befestigt werden; sie verformen sich daher leicht. | Die gesamte Fläche der Spiegelrückseite kann in der Spiegelfassung unterstützt werden, so daß Verformungen kaum auftreten. |

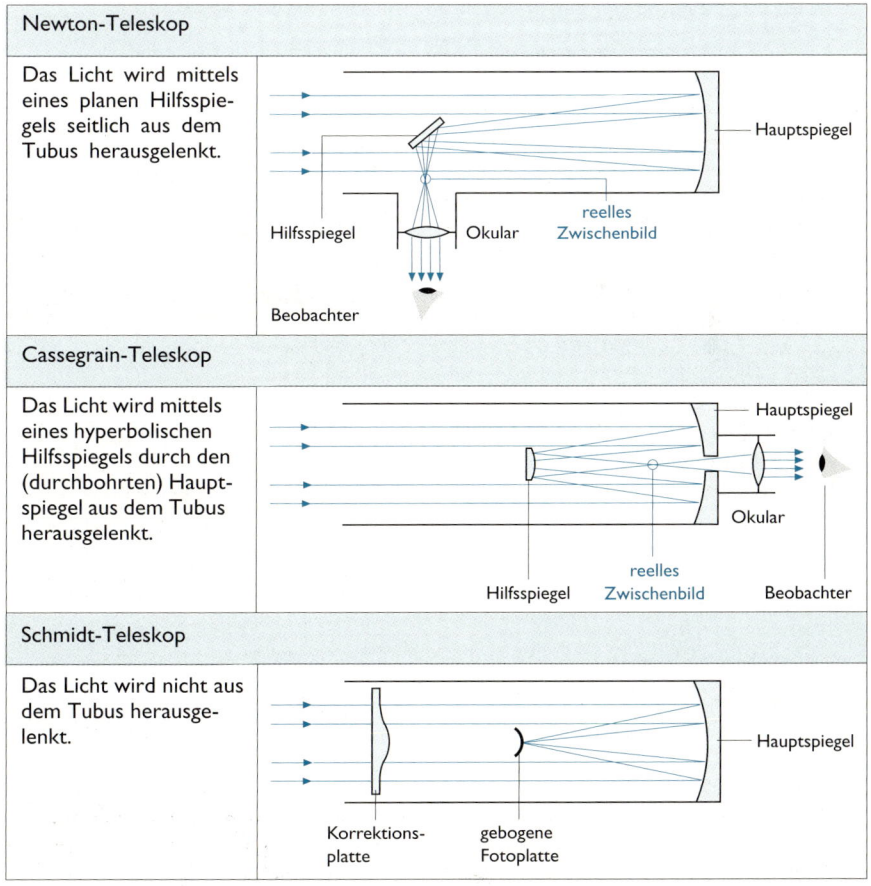

### Newton-Teleskop

Das Licht wird mittels eines planen Hilfsspiegels seitlich aus dem Tubus herausgelenkt.

### Cassegrain-Teleskop

Das Licht wird mittels eines hyperbolischen Hilfsspiegels durch den (durchbohrten) Hauptspiegel aus dem Tubus herausgelenkt.

### Schmidt-Teleskop

Das Licht wird nicht aus dem Tubus herausgelenkt.

15

**Mehrspiegelteleskop.** Die Vereinigung mehrerer Hauptspiegel mit gemeinsamem Brennpunkt zu einem optischen System schafft die Möglichkeit, ökonomisch vertretbar große Empfängerflächen zu realisieren. Die Einzelspiegel und die zugeordneten Hilfsspiegel werden dabei von Rechnern gesteuert; ihre gegenseitige Lage wird durch Laserstrahlen kontrolliert.

- Das erste Mehrspiegelteleskop befindet sich auf dem Mt. Hopkins (Arizona, USA). Sechs Spiegel von je 1,8 m Durchmesser ergeben ein Gerät mit der optischen Leistung eines 4,8-m-Spiegelteleskops.
  ↗ Neue optische Beobachtungstechnik, S. 177

**Koronograph.** Die Korona und die Protuberanzen der Sonne können mit einem speziell dafür konstruierten Teleskop, dem Koronographen, beobachtet und fotografiert werden. Sein wichtigstes Bauelement ist eine Blende, die im Strahlengang eine „künstliche Sonnenfinsternis" bewirkt.

**Vergrößerung.** Der Sehwinkel eines Objekts ist bei der Beobachtung mit einem Teleskop größer als bei der Beobachtung mit dem bloßen Auge.

| | |
|---|---|
| Vergrößerung $N = \dfrac{f_1}{f_2}$ | $f_1$ Objektivbrennweite<br>$f_2$ Okularbrennweite |

- Schulfernrohr $f_1$ = 840 mm

| $f_2$ | $N$ |
|---|---|
| 40 mm<br>25 mm<br>16 mm<br>10 mm | 21fach<br>34fach<br>53fach<br>84fach |

Bei fotografischer Beobachtung wird ein Objekt in der Brennebene um so größer abgebildet, je größer die Objektivbrennweite ist.

| Teleskop | $f_1$ | Bilddurchmesser eines Objekts von 1° Winkeldurchmesser |
|---|---|---|
| Schulfernrohr | 840 mm | 1,47 cm |
| 2-m-Spiegelteleskop | 4 m | 7 cm |
| 6-m-Spiegelteleskop | 24 m | 42 cm |

## Auflösungsvermögen

Kleinstmöglicher Winkelabstand zwischen zwei punktförmigen Lichtquellen, die mit einem Teleskop gerade noch getrennt dargestellt werden können. Es ist vom Objektivdurchmesser und von der Wellenlänge der beobachteten Strahlung abhängig.

| Teleskop | Objektiv-durchmesser | Auflösungsvermögen | |
|---|---|---|---|
| | | theoretisches | praktisches |
| Schulfernrohr | 63 mm | 1,8" | 2" |
| 2-m-Spiegelteleskop | 2 m | 0,06" | 0,5" |
| 6-m-Spiegelteleskop | 6 m | 0,02" | 0,5" |

■ Das bloße Auge hat ein theoretisches Auflösungsvermögen von 1'. In der Praxis wird - auch wegen der Luftunruhe - das theoretische Auflösungsvermögen nicht erreicht.

**Lichtstärke.** Bei der Beobachtung von Sternen und anderen punktförmig erscheinenden Lichtquellen ist die Lichtstärke vom Objektivdurchmesser abhängig, bei der Beobachtung flächenhafter Objekte (Kometen, Nebel) dagegen vom Öffnungsverhältnis $D : f_1$ ($D$ Objektivdurchmesser; $f_1$ Objektivbrennweite).

■ Grenzhelligkeit der beobachtbaren Objekte bei verschieden großen Fernrohren

| Objektiv-durchmesser | Grenzhelligkeit | | Empfindlichkeit gegenüber dem bloßen Auge |
|---|---|---|---|
| | visuell | fotografisch (100 Min. belichtet) | |
| bloßes Auge (6 ... 8 mm) | $6^m$ | --- | 1 |
| 5 cm | $10,3^m$ | $13^m$ | 600 |
| 10 cm | $11,7^m$ | $14,5^m$ | 2 500 |
| 20 cm | $13^m$ | $16^m$ | 10 000 |
| 40 cm | $14,1^m$ | $17,5^m$ | 40 000 |
| 100 cm | --- | $19,5^m$ | 250 000 |
| 500 cm | --- | $23^m$ | 6 300 000 |

↗ Helligkeiten der Sterne, S. 107

## Montierung

Aus Tragkonstruktion und beweglichem Achsensystem bestehender Teil eines Fernrohres.
Die Montierung muß das optische System
- erschütterungsfrei in jeder beliebigen Beobachtungsrichtung fixieren können,
- gleichmäßig der Bewegung der Gestirne nachführen.
Die Tragkonstruktion ist bei kleinen Fernrohren oft ein transportables Stativ, bei

größeren meist eine ortsfeste Säule. Das Achsensystem weist in der Regel zwei Achsen auf, die als *azimutales* oder als *parallaktisches* (äquatoriales) System konstruiert sein können.

zum
Himmels-
nordpol

Fernrohrmontierungen: a) azimutale Montierung   b) parallaktische Montierung

|  | Azimutale Montierung | Parallaktische Montierung |
|---|---|---|
| *Ortsfeste Achse* | Stehachse | Stundenachse |
| weist zum | Zenit | Himmelsnordpol |
| Bei Drehung um die ortsfeste Achse ändert sich | das Azimut | der Stundenwinkel |
| *Bewegliche Achse* | Kippachse | Deklinationsachse |
| weist zu einem Punkt des | Horizonts | Himmelsäquators |
| Bei Drehung um die bewegliche Achse ändert sich | die Höhe | die Deklination |

| Vorteil | einfacher Aufbau | einfache Nachführung durch gleichmäßige Bewegung um nur eine Achse (die Stundenachse) |
|---------|------------------|---------------------------------------------------------------------------------------|
| Nachteil | komplizierte Nachführung durch ungleichmäßige Bewegung um beide Achsen, dabei Drehung des Gesichtsfeldes | komplizierte Konstruktion, lageabhängige Belastung der Achsen und Lager |
| Anwendung | bei kleinen Schul- und Amateurfernrohren, bei den größten Forschungsteleskopen (mit rechnergesteuerter Nachführung) | bei den meisten mittleren und großen Teleskopen |

↗ Himmelspole, S. 26
↗ Himmelsäquator, S. 26
↗ Tägliche Bewegung der Gestirne, S. 29
↗ Horizontsystem, S. 41
↗ Ruhendes Äquatorsystem, S. 43

**Coelostat.** In manchen Fällen (Sonnenbeobachtung) wird das optische Teleskopsystem ortsfest aufgestellt. Die zu untersuchende Strahlung muß dann durch ein vorgesetztes Spiegelsystem, den Coelostaten, in den Tubus gelenkt werden.

■ Turmteleskope zur Beobachtung der Sonne enthalten meist ein senkrechtes, unbewegliches Fernrohr, in das das Licht durch einen Coelostaten von oben eingespiegelt wird.

### Zusatzgeräte zu optischen Teleskopen

Geräte, die in den Strahlengang vor, in oder hinter einem optischen Teleskop eingeschaltet werden und eine intensivere oder präzisere Untersuchung des Lichtes ermöglichen.

| Mikrometer | Gerät zur genauen Messung des Winkelabstandes und des Positionswinkels zweier Gestirne, meist mit dem Okular eines Teleskops bei visueller Beobachtung kombiniert |
|------------|-----------------------------------------------------------------------------------------------------------------------------------------------------------------------|
| Photometer | Gerät zur Messung der scheinbaren Helligkeit eines Objekts. Am Fernrohr werden fast ausschließlich lichtelektrische Photometer benutzt. Sie arbeiten auf der Grundlage des lichtelektrischen Effekts und liefern einen elektrischen Strom, dessen Stärke von der Intensität der einfallenden Strahlung abhängt. Maximale Genauigkeit: besser als 0,01 Größenklassen |

**1**

**19**

**1**

| | |
|---|---|
| Spektrograph | Gerät zur Zerlegung der Strahlung in ein Spektrum und zur fotografischen oder lichtelektrischen Aufzeichnung dieses Spektrums. Das lichtzerlegende Element ist meist ein Beugungsgitter. |
| Objektivprisma | 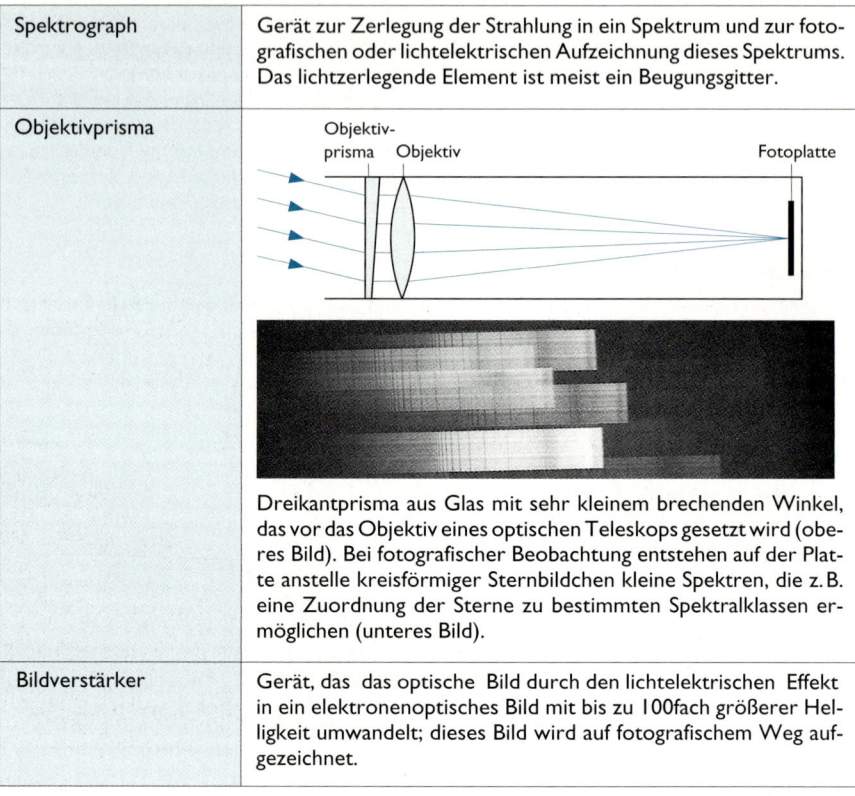 Dreikantprisma aus Glas mit sehr kleinem brechenden Winkel, das vor das Objektiv eines optischen Teleskops gesetzt wird (oberes Bild). Bei fotografischer Beobachtung entstehen auf der Platte anstelle kreisförmiger Sternbildchen kleine Spektren, die z. B. eine Zuordnung der Sterne zu bestimmten Spektralklassen ermöglichen (unteres Bild). |
| Bildverstärker | Gerät, das das optische Bild durch den lichtelektrischen Effekt in ein elektronenoptisches Bild mit bis zu 100fach größerer Helligkeit umwandelt; dieses Bild wird auf fotografischem Weg aufgezeichnet. |

## Auswertegeräte

Geräte, die der Verdichtung und Auswertung der Beobachtungsergebnisse dienen. Meist setzen sie die bildmäßige Information in Zahlenwerte um. Moderne Auswertegeräte gestatten den Anschluß von elektronischen Datenverarbeitungsanlagen und geben die Daten in entsprechender Form aus (Magnetbänder, Disketten u. ä.).

| | | |
|---|---|---|
| Mikrophotometer | Gerät zur Messung der Schwärzungen auf einer fotografischen Platte, meist als lichtelektrisches Photometer konstruiert | Mikrophotometer und Koordinatenmeßgerät können in einem Gerät vereinigt sein. |
| Koordinatenmeßgerät | Gerät zur Bestimmung von Gestirnskoordinaten auf fotografischen Himmelsaufnahmen. Wesentliche Bauelemente sind zwei senkrecht zueinander angeordnete Präzisionsmaßstäbe, die es unter Verwendung eines Meßmikroskops gestatten, die relative Lage von Sternen auf der Aufnahme bis auf 0,0002 mm genau zu bestimmen. | |

| Komparator | Gerät, mit dem zwei zu unterschiedlichen Zeitpunkten gewonnene fotografische Aufnahmen der gleichen Himmelsgegend miteinander verglichen werden. Durch stereoskopische oder wechselweise Betrachtung der Platten können Objekte, die auf den Aufnahmen unterschiedliche scheinbare Helligkeiten oder unterschiedliche Positionen aufweisen bzw. neu hinzugekommen sind, aufgefunden werden. |
| --- | --- |

**1**

## Radioteleskope

Instrumente zum Empfang von Radiostrahlung, d.h. elektromagnetischen Hertzschen Wellen, aus dem Weltall. Die Erdatmosphäre schirmt Wellen mit Wellenlängen unter etwa 1 mm und über 20 m ab.

Ein Radioteleskop besteht aus einer Antenne (Reflektor und Dipol, Dipolsystem), einem Verstärker und einem Registriergerät.

100-m-Radioteleskop in Effelsberg

**Parabolische Reflektoren.** Ein Metall- oder Metallnetzparaboloid konzentriert wie ein Hohlspiegel die einfallende Radiostrahlung auf eine in seinem Brennpunkt befindliche Antenne (Dipol). Das Auflösungsvermögen ist wegen der im Vergleich zum Licht sehr großen Wellenlänge auch bei großen Reflektordurchmessern sehr gering.

■ Der größte bewegliche Reflektor befindet sich in Effelsberg/Eifel (Nordrhein-Westfalen). Sein Durchmesser beträgt 100 m, sein Auflösungsvermögen 8" (bei $\lambda = 20$ cm).

■ Der größte vollflächige feststehende Reflektor hat einen Durchmesser von 305 m. Er befindet sich bei Arecibo (Puerto Rico).

↗ Optische Teleskope, S. 12
↗ Reflektor, S. 14

**Systeme von Einzelantennen.** Durch die elektronische Kopplung mehrerer Einzelantennen wird das Auflösungsvermögen radioastronomischer Beobachtungsanlagen erheblich verbessert. Dabei werden Interferenzerscheinungen der einfallenden Radiowellen genutzt. Solche Anlagen heißen *Radiointerferometer.*

■ Die durch Rechenanlagen vermittelte Kopplung von Radioteleskopen, die mehrere tausend Kilometer entfernt sind, ermöglicht Beobachtungen mit einem Auflösungsvermögen von 0,0002".

↗ Entstehung der Radioastronomie, S. 178

21

### Infrarotteleskope

Beobachtungsinstrumente zur Untersuchung der von kosmischen Objekten ausgesandten Infrarotstrahlung, einer elektromagnetischen Wellenstrahlung mit Wellenlängen zwischen 0,001 mm und 1 mm. Die Erdatmosphäre ist nur in sehr schmalen Wellenlängenbereichen für solche Strahlung durchlässig, deshalb werden Infrarotteleskope auf sehr hohen Bergen, in Flugzeugen, in Stratosphärenballons oder in künstlichen Erdsatelliten und Raumstationen installiert. Die Strahlung wird mit Hilfe tiefgekühlter Fotoelemente oder Fotowiderstände nachgewiesen; die Kühlung (bis auf wenige K) ist erforderlich, um die Empfindlichkeit der Detektoren zu erhöhen und um Störungen durch die Wärmebewegung der Ladungsträger in den Empfängerteilen auszuschalten.

### Röntgenteleskope

Beobachtungsinstrumente zur Untersuchung der von kosmischen Objekten ausgesandten Röntgenstrahlung, einer elektromagnetischen Strahlung mit Wellenlängen zwischen 0,001 nm und 10 nm. Da Röntgenstrahlung die Erdatmosphäre nicht durchdringt, müssen Röntgenteleskope in künstlichen Erdsatelliten und Raumstationen installiert werden.

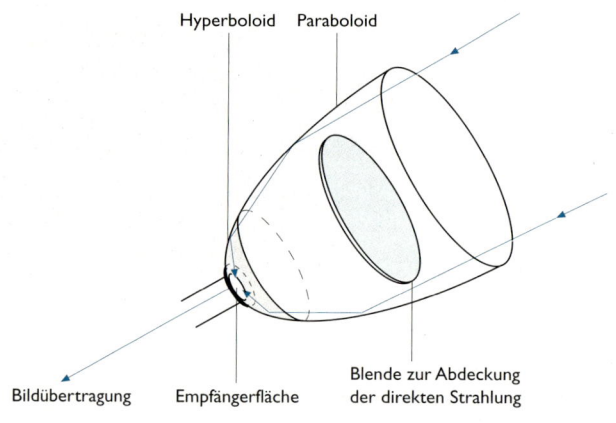

Hyperboloid    Paraboloid

Bildübertragung    Empfängerfläche    Blende zur Abdeckung der direkten Strahlung

Strahlengang in einem abbildenden Röntgenteleskop. Die einfallende Strahlung wird an zwei Spiegelflächen streifend reflektiert.

| Nichtabbildende Röntgenteleskope | Nachweisgeräte, die Richtung und Stärke der Röntgenstrahlung registrieren. Sie arbeiten nach dem Zählrohr-Prinzip oder mit Halbleiterbauelementen als Strahlungsempfänger. |
|---|---|
| Abbildende Röntgenteleskope | Spezielle Spiegelteleskope, die ein Bild der Röntgenstrahlungsquelle auf einer Empfängerfläche entwerfen. Das Bild wird meist elektronisch abgetastet und weiterverarbeitet, die Bildauflösung beträgt etwa 2,5". |

### Raumteleskope

Optische und Infrarotteleskope, die in Raumflugkörpern außerhalb der Erdatmosphäre installiert sind.

| Vorteile | Wegfall der durch die Erdatmosphäre bewirkten Behinderung und Bildverschlechterung. Mit einem Teleskop von 2,4 m Öffnung kann das theoretische Auflösungsvermögen von 0,05" erreicht werden; Objekte bis zur 29. Größenklasse werden beobachtbar. |
|---|---|
| Nachteile | hohe Kosten, schwierige automatische Ausrichtung auf die zu beobachtenden Objekte |

**1**

■ Das erste Raumteleskop ist das Hubble-Space-Telescope (Inbetriebnahme 1990; Hauptspiegeldurchmesser 2,4 m)

## STERNWARTEN

### Forschungssternwarten
Astronomische Beobachtungsinstitute, die der wissenschaftlichen Forschung dienen; meist Gebäudekomplexe mit Kuppelbauten für die Teleskope. Forschungssternwarten sind oft einer Akademie oder einer Universität angeschlossen. Sie befinden sich meist in großer Entfernung von Städten und industriellen Ballungsgebieten.

Sternwarte in Calar Alto

■ *Deutsche Forschungssternwarten (Auswahl):*

| | |
|---|---|
| Bamberg | Dr.-Remeis-Sternwarte |
| Berlin | Institut für Astronomie und Astrophysik der Technischen Universität |
| Bonn | Max-Planck-Institut für Radioastronomie |
| Göttingen | Universitäts-Sternwarte |
| Heidelberg | Landessternwarte |
| Heidelberg | Max-Planck-Institut für Astronomie (mit Außenstelle: Deutsch-Spanisches Astronomisches Zentrum Calar Alto, Almeria) |
| Jena | Astrophysikalisches Institut und Universitäts-Sternwarte |
| Potsdam | Astrophysikalisches Institut |
| Tautenburg | Thüringer Landessternwarte |

### Volkssternwarten
Astronomische Einrichtungen, die der Verbreitung astronomischer Kenntnisse und der amateurmäßigen astronomischen Beobachtung dienen.
In vielen Volkssternwarten wird neben der Popularisierung der Astronomie auch Zuarbeit für die Forschung geleistet.

**1**

■ *Deutsche Volkssternwarten (Auswahl):*

| | |
|---|---|
| Aachen | Volkssternwarte |
| Berlin | Archenhold-Sternwarte |
| Berlin | Wilhelm-Foerster-Sternwarte |
| Drebach | Feriensternwarte |
| Duisburg | Rudolf-Römer-Sternwarte |
| Hannover | Volkssternwarte |
| Hof | Volkssternwarte |
| Jena | Urania-Sternwarte |
| Schkeuditz | Astronomisches Zentrum |
| Sohland (Spree) | Volkssternwarte „Bruno H. Bürgel" |
| Stuttgart | Schwäbische Sternwarte |
| Wetzlar | Sternwarte Burgsolms |

### Schulsternwarten

Sternwarten für den Astronomieunterricht und die außerunterrichtliche Tätigkeit von Schülern auf dem Gebiet der Astronomie. Größere Schulsternwarten sind vielfach mit einem Planetarium verbunden.

■ *Deutsche Schulsternwarten (Auswahl):*

| | |
|---|---|
| Bautzen | Sternwarte „Johannes Franz" |
| Crimmitschau | Schulsternwarte |
| Eilenburg | Schul- und Volkssternwarte „Juri Gagarin" |
| Görlitz | Scultetus-Sternwarte |
| Herford | Sternwarte Friedrichsgymnasium |
| Herzberg (E) | Schulsternwarte Wasserturm |
| Karlsruhe | Sternwarte Max-Planck-Gymnasium |
| Radebeul | Schul- und Volkssternwarte „A. Diesterweg" |

Sternwarte „Johannes Franz" in Bautzen

# Orientierung am Sternhimmel

## HIMMELSKUGEL

### Himmelskugel

Scheinbare, den Beobachter allseitig umgebende Kugel mit unendlich großem Radius, auf der die Gestirne gesehen werden. Sie ist eine Hilfsvorstellung und dient dazu, die von einem bestimmten Beobachtungsort aus sichtbaren Stellungen der Gestirne zu beschreiben.

Vielfach wird die Himmelskugel auf Abbildungen so dargestellt, daß sich der Betrachter auf einem fiktiven, außerhalb der Kugel befindlichen Standort befindet.

Himmelskugel mit Horizont und Meridian

### Horizont

Trennlinie zwischen dem für einen Beobachter von einem bestimmten Beobachtungsort aus sichtbaren (oberen) und dem für diesen Beobachter nicht sichtbaren (unteren) Teil der Himmelskugel.

Die Horizontebene ist die Ebene durch den Beobachtungsort, auf der die Lotlinie senkrecht steht. Die Horizontlinie entsteht durch den Schnitt der Horizontebene mit der Himmelskugel.

**Scheinbarer Horizont.** Unabhängig von Sichtbegrenzungen durch das Bodenrelief gedachte Horizontlinie in Augenhöhe des Beobachters.

**Landschaftlicher (natürlicher) Horizont.** Sichtbare, untere Begrenzungslinie der Himmelskugel gegen die Berge, Bäume, Häuser usw. in der Umgebung des Beobachters. Er zeigt meist einen sehr unregelmäßigen Verlauf.

### Nadir

Punkt an der unsichtbaren Hälfte der Himmelskugel senkrecht unter dem Beobachter.

### Zenit

Punkt an der Himmelskugel senkrecht über dem Beobachter. Der Zenit wird als Schnittpunkt der Lotlinie mit der Himmelskugel ermittelt.

25

## Meridian

Auf der Erde jeder Kugelhalbkreis, der durch beide Pole verläuft und den Äquator senkrecht schneidet;
an der Himmelskugel der größte Kreis, der durch Nordpunkt, Zenit und Südpunkt verläuft. Er teilt die Himmelshalbkugel in eine östliche und eine westliche Hälfte.
↗ Kulmination, S. 31

## Himmelspole

**2**

Zwei Punkte an der Himmelskugel, die bei der scheinbaren täglichen Bewegung der Gestirne in Ruhe verbleiben. Der auf der nördlichen Hälfte der Himmelskugel befindliche Himmelsnordpol befindet sich im Sternbild Kleiner Bär; dessen Hauptstern (Polarstern) ist nur etwa 1° vom Pol entfernt. Der südliche Himmelspol ist von Europa aus nicht sichtbar, er liegt im Sternbild Oktant.
Die gedachte Gerade Himmelsnordpol - Beobachter - Himmelssüdpol heißt Himmelsachse. Sie ist die Rotationsachse der scheinbaren täglichen Bewegung der Gestirne.

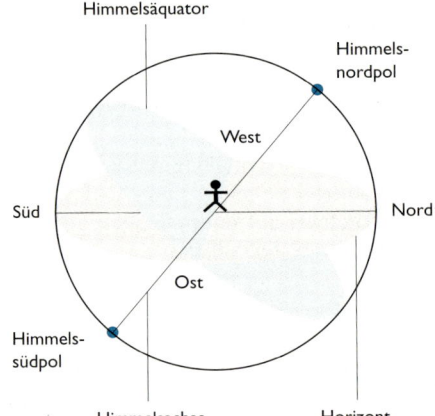

Himmelskugel mit Horizont, Himmelsäquator und Himmelsachse

## Himmelsäquator

Größter Kreis an der Himmelskugel, dessen Ebene senkrecht zur Himmelsachse steht. Er teilt die Himmelskugel in eine nördliche und eine südliche Hälfte.
Für einen Beobachter auf der Nordhalbkugel der Erde ist der über dem Horizont befindliche Teil des Himmelsäquators ein geneigter Halbkreis, der durch den Ost- und den Westpunkt des Horizonts verläuft und im Süden, wo er den Meridian schneidet, seine größte Höhe erreicht. (Die Höhe $h$ des Schnittpunktes von Himmelsäquator und Meridian kann aus der geographischen Breite $\varphi$ des Beobachtungsortes berechnet werden: $h = 90° - \varphi$.)
Wegen der Neigung des Himmelsäquators zum Horizont können Beobachter auf der Nordhalbkugel der Erde auch Teile der südlichen Himmelshalbkugel sehen.

## Sternnamen

Eigennamen für die helleren Sterne, zumeist aus dem arabischen, griechischen und römischen Kulturkreis stammend.
In der wissenschaftlichen Literatur werden die Sterne meist nicht mit den historischen Namen, sondern mit einem (griechischen oder lateinischen) Buchstaben oder einer Katalognummer und der Abkürzung des Genitivs des lateinischen Sternbildnamens bezeichnet.

| Stern und Stern- bild | Ursprüngliche Form | Bedeutung | Wissenschaftliche Bezeichnung |
|---|---|---|---|
| Beteigeuze (Orion) | yad al-gaûza (arab.) | Hand des Orion | $\alpha$ Ori |
| Prokyon (Kleiner Hund) | procyon (griech.) | Vorhund | $\alpha$ CMi |
| Atair (Adler) | al-tair (arab.) | auffliegender Adler | $\alpha$ Aql |
| Antares (Skorpion) | ant-ares (griech.) | Gegen-Mars | $\alpha$ Sco |
| Kapella (Fuhrmann) | capella (lat.) | Ziegenböckchen | $\alpha$ Aur |

**2**

### Sternbilder

Willkürliche Zusammenfassung von Sternen zu Vielecken oder Linienzügen an der Himmelskugel, mit Namen aus der Mythologie (vor allem aus dem griechischen und babylonischen Kulturkreis) oder mit Phantasienamen belegt. Die Verbindungslinien zwischen den Sternen eines Sternbildes folgen zumeist historischen Traditionen. In der Wissenschaft werden Sternbilder oder Verbindungslinien als genau abgegrenzte Bereiche der Himmelskugel definiert. Insgesamt gibt es an der Himmelskugel **88** Sternbilder.

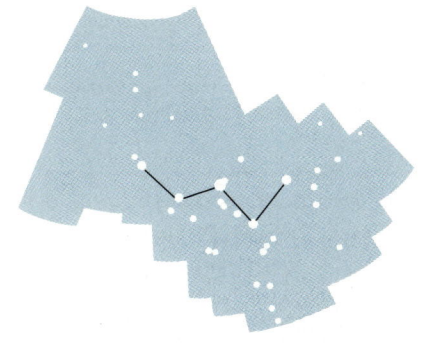

Sternbild Kassiopeia. Die bekannte W-Figur ist Teil eines wesentlich größeren gleichnamigen Bereiches an der Himmelskugel.

Die zu einem Sternbild vereinigten Sterne gehören im allgemeinen physikalisch nicht zusammen.

| Einige bekannte Sternbilder | | |
|---|---|---|
| lateinischer Name | deutscher Name | Abkürzung |
| Andromeda | Andromeda | And |
| Auriga | Fuhrmann | Aur |
| Canis Minor | Kleiner Hund | CMi |
| Orion | Orion | Ori |
| Ursa Maior | Großer Bär | UMa |

**2**

### Himmelsglobus

Räumliches Modell der Himmelskugel, auf dem die Sterne, die Sternbildgrenzen oder -verbindungslinien und meist auch Koordinatenlinien dargestellt sind. Die meisten Himmelsgloben sind so entworfen, daß sich der Betrachter eigentlich im Globusmittelpunkt befinden müßte, um den Sternhimmel in naturgetreuer Darstellung zu sehen. Von außen betrachtet, erscheinen die Sternbilder daher seitenverkehrt.

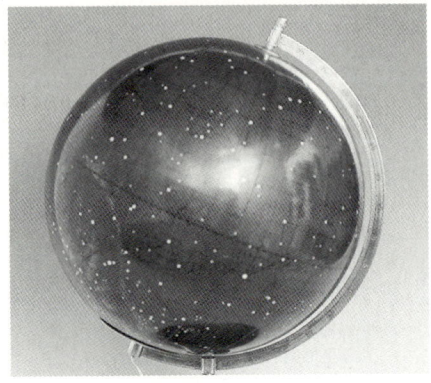

Himmelsglobus

### Sternkarte

Kartenmäßige Darstellung eines Teiles der Himmelskugel mit den beobachtbaren Objekten (Sterne, Sternhaufen, Nebel, Galaxien, Milchstraße), meist im Koordinatennetz des rotierenden Äquatorsystems. Sonne, Mond und Planeten sind nicht in Sternkarten enthalten, da sie sich relativ zu den Sternen bewegen.

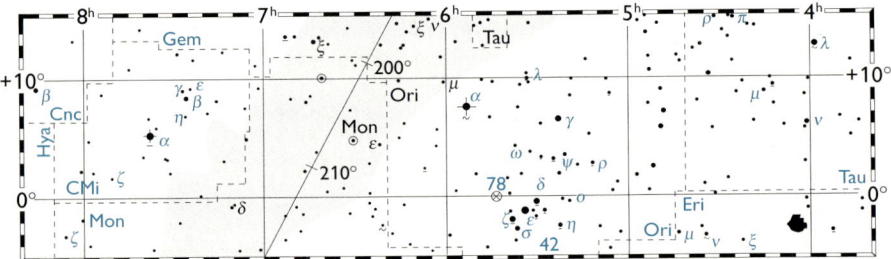

Ausschnitt aus einem Sternatlas

**Drehbare Sternkarte.** Darstellung des über dem Horizont eines bestimmten Beobachtungsortes befindlichen Teiles der Himmelskugel in Abhängigkeit von der jeweiligen Beobachtungszeit. Die drehbare Sternkarte kann für einen beliebigen Zeitpunkt eingestellt werden.

**Sternatlas.** Zusammenfassung gleichartiger Sternkarten zu einem Atlas, der entweder die gesamte Himmelskugel oder nur den von einem bestimmten Beobachtungsort aus sichtbaren Teil der Himmelskugel bis zu einer bestimmten scheinbaren Helligkeit enthält.

↗ Rotierendes Äquatorsystem, S. 44
↗ Scheinbare Helligkeit, S. 107

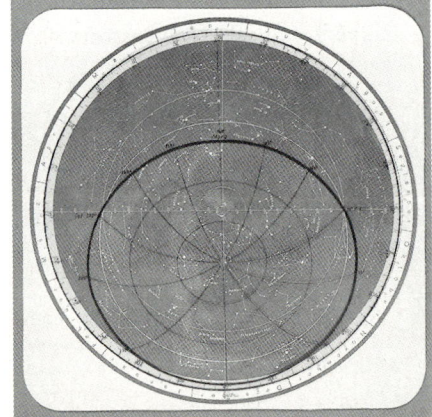

Drehbare Sternkarte

## Planetarium

Projektionseinrichtung zur naturgetreu-
en Wiedergabe des Himmelsanblicks mit
Sternen, Milchstraße, Planeten, Sonne
und Mond. Das Planetarium ermöglicht
die Demonstration der Bewegungen dieser Himmelskörper im Zeitrafferverfah-
ren. Die Bilder der Himmelskörper werden an die Innenseite einer mattweißen
Halbkugel (Durchmesser 5 m bis 30 m)
projiziert. Die Betrachter befinden sich
im Inneren des Kugelraumes.

Planetarium

■ *Planetarien in Deutschland (Auswahl):*

| *Großplanetarien* | *Kleinplanetarien* | |
|---|---|---|
| Berlin | Bremen | Osnabrück |
| Bochum | Eilenburg | Potsdam |
| Cottbus | Fürstenfeldbruck | Radebeul |
| Jena | Fulda | Recklinghausen |
| Halle | Glücksburg | Reutlingen |
| Hamburg | Herzberg (E) | Rodewisch |
| Mannheim | Kiel | Rostock |
| München | Laupheim | Schkeuditz |
| Stuttgart | Magdeburg | Schneeberg |
| | Nordhausen | Suhl |
| | Nürnberg | Wolfsburg |

## SCHEINBARE BEWEGUNGEN DER GESTIRNE

### Tägliche Bewegung der Gestirne

Widerspiegelung der Erdrotation; scheinbare Rotation der Himmelskugel von Ost
über Süd nach West um die Himmelsachse. Eine Umdrehung der Himmelskugel
dauert einen Sterntag.
↗ Astronomische Zeitdefinition, S. 35
↗ Sternzeit, S. 38

**Aufgang, Untergang.** Das Erscheinen bzw. Verschwinden eines Gestirns am
scheinbaren Horizont infolge der scheinbaren täglichen Bewegung des Gestirns.

29

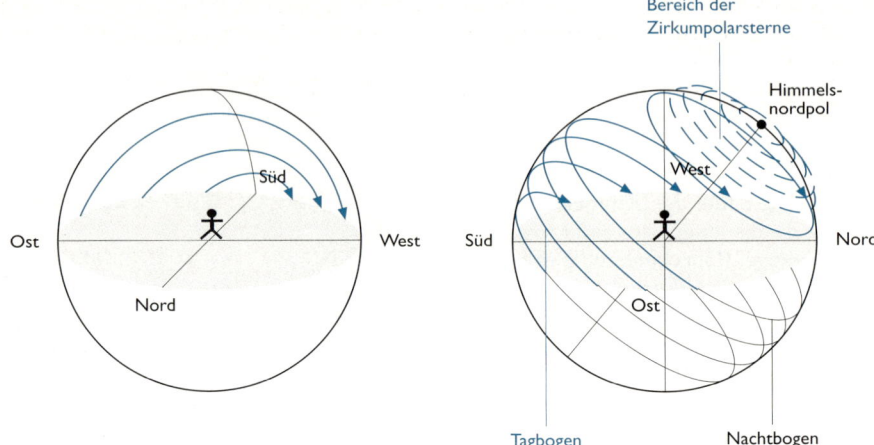

Die Tagbögen dreier Gestirne aus der Sicht eines auf der Erde befindlichen Beobachters

Die Tagbögen und die Nachtbögen verschiedener Gestirne aus der Sicht eines außerhalb der Himmelskugel gedachten Beobachters

**Zirkumpolarsterne.** Sterne, die den Polen der Himmelskugel so nahe stehen, daß sie bei der scheinbaren täglichen Bewegung den Horizont nicht erreichen. Wie groß der Bereich der Zirkumpolarsterne ist, hängt von der Höhe des Himmelspols über dem Horizont des Beobachters und damit von der geographischen Breite des Beobachtungsortes ab.

> Polhöhe = geographische Breite

Für einen Beobachtungsort auf der geographischen Breite $\varphi$ sind alle Sterne, deren Abstand vom Pol kleiner ist als $\varphi$, Zirkumpolarsterne.

| Ort des Beobachters | Zirkumpolarsterne um den | |
|---|---|---|
| | Himmelsnordpol | Himmelssüdpol |
| Nordhalbkugel der Erde<br><br>■ Berlin | gehen nie unter;<br>sind in jeder klaren Nacht sichtbar<br>■ Kleiner Bär | gehen nie auf;<br>sind ständig unsichtbar<br><br>■ Kreuz des Südens |
| Südhalbkugel der Erde<br><br>■ Melbourne | gehen nie auf;<br>sind ständig unsichtbar<br><br>■ Kleiner Bär | gehen nie unter;<br>sind in jeder klaren Nacht sichtbar<br>■ Kreuz des Südens |

■ Für Beobachter auf dem Erdäquator beträgt die geographische Breite 0°; es gibt für solche Beobachter keine Zirkumpolarsterne.

30

**Tagbogen.** Der über dem Horizont verlaufende Teil der Bahn eines Gestirns bei der scheinbaren täglichen Bewegung; wird meist im Winkelmaß angegeben.

■ Die von einem Beobachtungsort aus sichtbaren Zirkumpolarsterne haben Tagbögen von 360°.

## Kulmination
Durchgang eines Gestirns bei der täglichen Bewegung durch den Meridian des Beobachtungsortes.

| Obere Kulmination | Untere Kulmination |
|---|---|
| Das Gestirn überquert den Meridian zwischen dem Himmelsnordpol und dem Südpunkt des Horizonts; es erreicht dabei seine größte Höhe über dem Horizont. | Das Gestirn überquert den Meridian unterhalb des Himmelsnordpols (nur bei Zirkumpolarsternen beobachtbar). |

Obere Kulmination der Sonne: Mittag; $12^h$ wahre Sonnenzeit
Untere Kulmination der Sonne: Mitternacht; $0^h$ wahre Sonnenzeit
⌁ Meridian S. 26; ⌁ Horizontsystem S. 41

## Ekliptik
Der Begriff wird in zwei Bedeutungen gebraucht:
• Scheinbare jährliche Bahn der Sonne durch die Sternbilder des Tierkreises, Schnittlinie zwischen Erdbahnebene und Himmelskugel. Größter Kreis an der Himmelskugel; seine Ebene ist um 23,4° gegen die des Himmelsäquators geneigt. Die Ekliptik schneidet den Himmelsäquator im Frühlingspunkt und im Herbstpunkt.

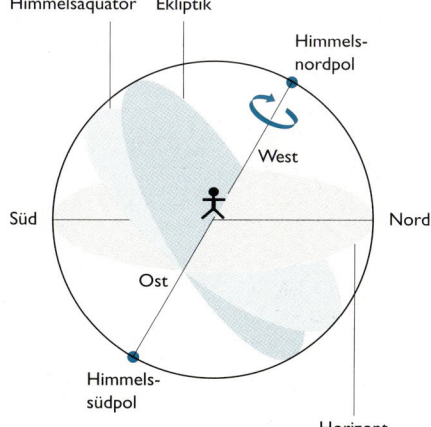

Himmelskugel mit Horizont, Himmelsäquator und Ekliptik. Die tägliche Bewegung erfolgt um die Himmelsachse.

• Wahre Bahn der Erde im Weltraum; Ellipse, in deren einem Brennpunkt die Sonne steht.
⌁ Himmelsäquator, S. 26
⌁ Frühlingspunkt., S. 33

**Schiefe der Ekliptik.** Herkömmliche Bezeichnung für die Neigung der Ekliptikebene gegen die Ebene des Himmelsäquators.

**Tierkreis.** Zone beiderseits der Ekliptik; sie umfaßt Sternbilder, die in der Mehrzahl Tiernamen tragen. Die Ekliptik heißt deshalb auch *Tierkreislinie*.

31

**Tierkreiszeichen.** In der antiken Astrologie wurde die Ekliptik in 12 gleichlange Abschnitte unterteilt, die nach den jeweils nächstliegenden Sternbildern benannt wurden. Diese Abschnitte heißen Tierkreiszeichen. Wegen der Präzession stimmen heute die Tierkreiszeichen und die ihnen entsprechenden Sternbilder nicht mehr überein.

| Tierkreis-zeichen | Symbol | Das Zeichen wird von der Sonne durchlaufen | | Das Zeichen befindet sich heute im Sternbild |
|---|---|---|---|---|
| Stier | ♉ | vom 21.4. | bis 21.5. | Widder |
| Zwillinge | ♊ | vom 22.5. | bis 22.6. | Stier |
| Krebs | ♋ | vom 23.6 | bis 23.7. | Zwillinge |

↗ Präzession, S. 33; ↗ Entstehung der Astrologie, S. 166

## Jährliche Bewegung der Sonne

Scheinbare Bewegung der Sonne relativ zu den Sternen, bei der die Sonne im Verlaufe eines Jahres alle Sternbilder des Tierkreises durchquert. Widerspiegelung der wahren Umlaufbewegung der Erde um die Sonne. Die jeweils in Richtung zur Sonne befindlichen Sternbilder sind für einen Beobachter auf der Erde 1 bis 2 Monate lang unsichtbar.

| Sternbild | Unsichtbar |
|---|---|
| Stier | Mitte Mai bis Ende Juni |
| Zwillinge | Mitte Juni bis Anfang August |
| Krebs | Ende Juni bis Ende August |

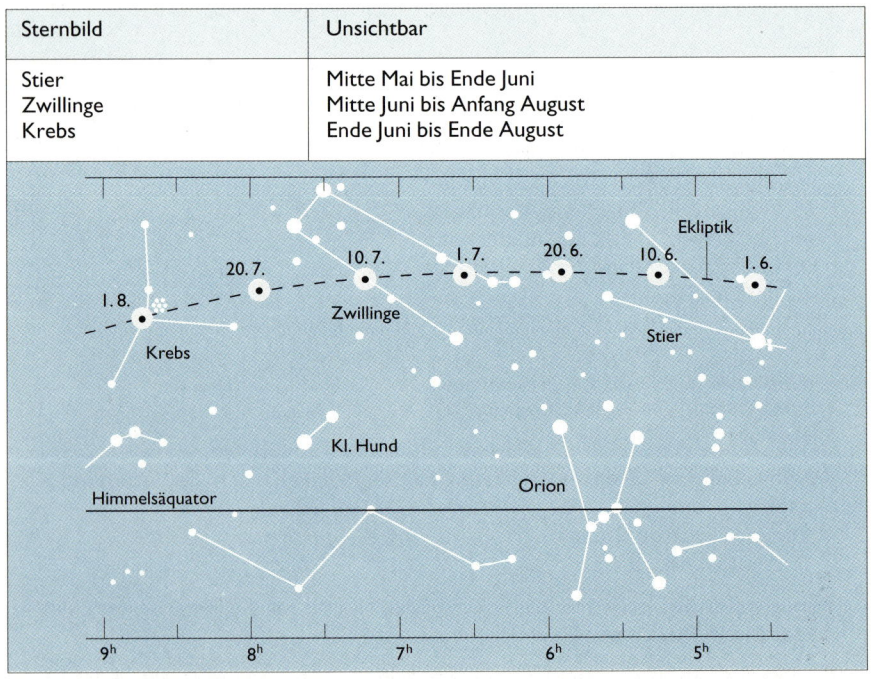

↗ Kalender, S. 39; ↗ Ekliptik, S. 31

**Frühlingspunkt**

Schnittpunkt zwischen Himmelsäquator und Ekliptik, in dem die Sonne bei ihrer jährlichen Bewegung am 21.3. (in manchen Jahren am 20.3. oder 22.3.) von der südlichen
auf die nördliche Hälfte der Himmelskugel übertritt.
Symbol: ♈
Der Frühlingspunkt lag früher im Sternbild Widder, deshalb wird er auch Widder-
punkt genannt. Infolge der Präzession befindet er sich heute im Sternbild Wasser-
mann.
↗ Präzession, S. 33

**Herbstpunkt**

Schnittpunkt zwischen Himmelsäquator und Ekliptik, in dem die Sonne am 23.9. von
der nördlichen auf die südliche Himmelshalbkugel übergeht (auch Waagepunkt).
Symbol: ♎
↗ Himmelsäquator, S. 26; ↗ Ekliptik, S. 31

**Präzession**

Kreisel- bzw. Taumelbewegung der Erdachse, die vor allem durch die Gravitationskräfte des Mondes und der Sonne auf die abgeplattete Erde bewirkt wird. Die Erdachse beschreibt - ähnlich der Achse eines rotierenden Kinderkreisels - den Mantel
eines Doppelkegels, dessen Spitze sich im Erdmittelpunkt befindet und dessen Achse auf den Pol der Ekliptik weist. Ein Umlauf der Erdachse auf dem Kegelmantel dauert etwa 25 700 Jahre. Mit dieser Verlagerung der Erdachse ist eine Verlagerung des
Himmelsäquators verbunden.

| Folgen der Präzession | im Verlaufe langer Zeiträume folgt daraus |
|---|---|
| Verlagerung der Himmelspole gegenüber den Sternen | ■ „Polarstern" ist im Jahre 2000 der Stern $\alpha$ im Kleinen Bären, 9000 der Stern Deneb im Schwan, 13000 der Stern Wega in der Leier. |
| Verlagerung des Frühlings- punktes und des Herbstpunk- tes auf der Ekliptik | Änderung der Koordinaten von Sternen in den Koordina- tensystemen des Äquators und der Ekliptik |
| | Verschiebung der Tierkreiszeichen gegen die Tierkreis- sternbilder |

■ Veränderung der Koordinaten des Sterns Beteigeuze im Orion im Verlaufe von
30 Jahren

| Zeitpunkt | Rektaszension | Deklination |
|---|---|---|
| 1. 1. 1950 | $5^h52^{min}28^s$ | +7°23'58" |
| 1. 1. 1980 | $5^h54^{min}05^s$ | +7°24'16" |

↗ Rotierendes Äquatorsystem, S. 44; ↗ Ekliptiksystem, S. 45

## Jahreszeiten

Abschnitte des Jahres, die durch die wechselnde gegenseitige Stellung von Erde und Sonne charakterisiert sind. Die Entstehung der klimatischen Jahreszeitenunterschiede ist die Folge der Neigung der Erdachse gegen die Senkrechte auf der Erdbahnebene beim Umlauf der Erde um die Sonne.

Wenn die Sonne bei ihrer scheinbaren jährlichen Bewegung den Frühlingspunkt durchläuft, beginnt für die Nordhalbkugel der Erde der astronomische Frühling; wenn sie ihren größten nördlichen Abstand vom Himmelsäquator erreicht, ist astronomischer Sommeranfang. Der Herbst beginnt beim Durchgang der Sonne durch den Herbstpunkt, der Winter beim Durchgang durch den Bahnpunkt mit dem größten südlichen Abstand vom Himmelsäquator.

Bei den astronomisch definierten Jahreszeiten handelt es sich um rechnerische Größen, von denen das Wettergeschehen nur mittelbar beeinflußt wird.

| Tag | Stellung der Erde | | Sonnenstrahlung trifft die Erdoberfläche | Zeitdauer, während der die Sonne über dem Horizont steht | Erwärmung der Erdoberfläche | Jahreszeit |
|---|---|---|---|---|---|---|
| 22.6. | **Nord**halbkugel der Sonne zugewandt | | steil | lange | stark | Sommer |
| | **Süd**halbkugel der Sonne abgewandt | | flach | kurz | gering | Winter |
| 23.9. | **Nord-**halbkugel | unter gleichem Winkel von der Sonne beschienen | mittel | mittel | mittel | Herbst |
| | **Süd-**halbkugel | | mittel | mittel | mittel | Frühling |
| 22.12. | **Nord**halbkugel von der Sonne abgewandt | | flach | kurz | gering | Winter |
| | **Süd**halbkugel der Sonne zugewandt | | steil | lange | stark | Sommer |
| 21.3. | **Nord-**halbkugel | unter gleichem Winkel von der Sonne beschienen | mittel | mittel | mittel | Frühling |
| | **Süd-**halbkugel | | mittel | mittel | mittel | Herbst |

**Dauer der Jahreszeiten.** Wegen der unterschiedlichen Geschwindigkeit der Erde beim Umlauf um die Sonne sind die Jahreszeiten nicht gleich lang.

| Jahreszeit | Dauer auf der Nordhalb-kugel der Erde | Jahreszeit | Dauer auf der Nordhalb-kugel der Erde |
|---|---|---|---|
| Frühling Sommer | 92 d 22 h 93 d 14 h | Herbst Winter | 89 d 17 h 89 d 1 h |

**Polartag, Polarnacht.** Wenn der Erdnordpol der Sonne zugewandt ist, verbleibt er während der Erdrotation ständig im Sonnenlicht. Für einen Beobachter am Erdnordpol geht deshalb in dieser Zeit die Sonne nicht unter, es herrscht Polartag.

Entsprechend herrscht gleichzeitig am Südpol der Erde Polarnacht. Polartag und Polarnacht können - mit unterschiedlicher, von der geographischen Breite des Beobachtungsortes abhängiger Dauer - an allen Orten zwischen 66,6° und 90° nördlicher bzw. südlicher Breite beobachtet werden.

## ZEIT

### Astronomische Zeitdefinition

Einteilung der Zeit durch periodisch ablaufende, an der Himmelskugel beobachtbare Vorgänge. Augenfälligste Zeiteinheit ist der Tag, definiert als Dauer einer Umdrehung der Erde um ihre Achse, bezogen auf den Meridiandurchgang der Sonne oder des Frühlingspunktes.

Die Erde rotiert je Sterntag um 360°, je Stunde um 15°, je Minute um 0,25°.

↗ Sternzeit, S. 38
↗ Sonnenzeit, S. 35

### Physikalische Zeitdefinition

Festlegung der Zeiteinheit durch einen periodisch ablaufenden, mit physikalischen Mitteln überwachten Vorgang. Sie ist notwendig, weil die Erdrotation nicht völlig gleichförmig verläuft.

Die Sekunde ist die Dauer von 9 192 631 770 Perioden der Strahlung, die dem Übergang zwischen den beiden Hyperfeinstrukturniveaus des Grundzustandes des Atoms Caesium 133 entspricht.

### Schaltsekunde

Korrektur, die die Angleichung der physikalisch (durch Atomuhren) bestimmten Zeit an die astronomisch bestimmte Zeit ermöglicht. Sie wird bei Bedarf am 30. Juni oder am 31. Dezember eingefügt oder weggelassen, wenn die Differenz zwischen beiden Zeiten 0,7 s übersteigt.

### Sonnenzeit

Von der täglichen scheinbaren Bewegung der Sonne an der Himmelskugel abgeleitete Zeiteinteilung.

**Wahre Sonnenzeit.** Ungleichförmiges Zeitmaß, das durch unmittelbare Beobachtung der Sonne ermittelt werden kann. Die Zeitspanne zwischen zwei unteren Kulminationen der Sonne ist der wahre Sonnentag. Seine Dauer ist nicht konstant, weil sich die Sonne bei ihrer scheinbaren jährlichen Bewegung an der Himmelskugel mit veränderlicher Geschwindigkeit in einer gegen den Himmelsäquator geneigten Bahn, der Ekliptik, bewegt. Die wahre Sonnenzeit wird an Sonnenuhren abgelesen.

↗ Kulmination, S. 31; ↗ Zeitgleichung, S. 37
↗ Keplersche Gesetze, S. 54
↗ Ekliptik, S. 31

**2**

**Mittlere Sonnenzeit.** Nahezu gleichförmiges Zeitmaß, das von einer gedachten mittleren Sonne abgeleitet wird.
Die scheinbare jährliche Bewegung der mittleren Sonne erfolgt
• längs des Himmelsäquators,
• in der gleichen Zeit wie die der wahren Sonne,
• mit gleichförmiger Geschwindigkeit.

Eine Umdrehung der Erde, bezogen auf die mittlere Sonne, dauert einen mittleren Sonnentag.

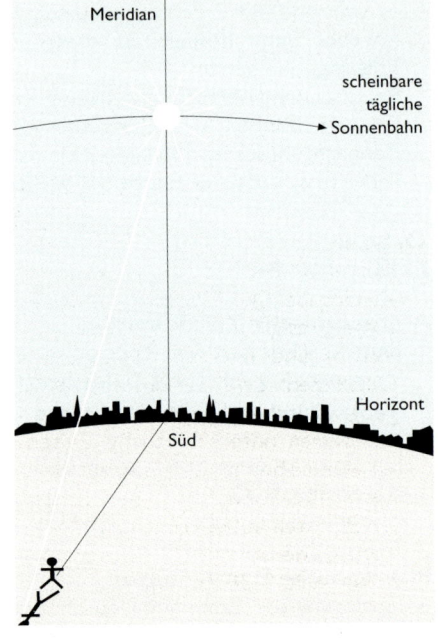

Obere Kulmination der wahren Sonne. Für den Beobachter ist es 12$^h$ wahre Sonnenzeit.

| Ursachen für Schwankungen der mittleren Sonnenzeit |
|---|
| Reibung zwischen Land und Meer bei Ebbe und Flut |
| Verlagerungen von Massen im Inneren der Erde |
| Verlagerung von Luftmassen und Abschmelzen von Eis an den Polen der Erde im Rhythmus der Jahreszeiten |
| Veränderungen der Lage der Rotationsachse innerhalb der Erde |

Mittlere und wahre Sonnenzeit unterscheiden sich im Laufe eines Jahres bis zu 16 Minuten.
↗ Zeitgleichung, S. 37

## Zeitgleichung

Differenz zwischen wahrer und mittlerer Sonnenzeit. Sie gibt an, wieviel eine Sonnenuhr (wahre Sonnenzeit) gegenüber einer nach mittlerer Sonnenzeit gehenden Uhr vor- oder nachgeht.

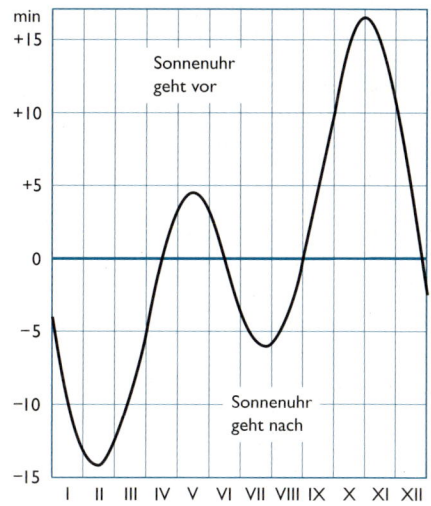

Kurve der Zeitgleichung

## Ortszeit

Auf den Beobachtungsort bezogene Zeitangabe. Der Meridian des Beobachtungsortes gilt als Bezugslinie.

Wahre und mittlere Sonnenzeit sind Ortszeiten: Zwei auf unterschiedlichen geographischen Längen befindliche Uhren zeigen unterschiedliche Zeiten an, weil für die beiden Orte die mittlere bzw. die wahre Sonne zu unterschiedlichen Zeitpunkten kulminiert. Auch die Sternzeit ist eine Ortszeit.
↗ Sternzeit, S. 38

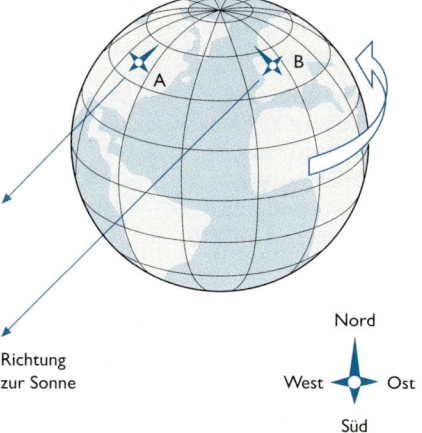

Für den Beobachter A kulminiert die Sonne, für den Beobachter B ist es Nachmittag.

## Zonenzeit

Eine nach internationalen Vereinbarungen für ein größeres Gebiet (Zeitzone) gültige Normalzeit, meist die Ortszeit für Orte auf einem die Zeitzone annähernd halbierenden Meridian.

| | | |
|---|---|---|
| Westeuropäische Zeit (Greenwicher Zeit, Weltzeit, WEZ) Ortszeit für 0° geographischer Länge | gültig u. a. für Irland, Portugal, Großbritannien | $12^h$ MEZ = $11^h$ WEZ MEZ - 1h = WEZ |

| Mitteleuropäische Zeit (MEZ) Ortszeit für 15° östlicher Länge | gültig u. a. für Deutschland, Österreich, Schweiz, Italien, Dänemark, Norwegen, Schweden | |
|---|---|---|
| Osteuropäische Zeit (OEZ) Ortszeit für 30° östlicher Länge | gültig u. a. für Bulgarien, Rumänien, Griechenland, Finnland | $12^h$ MEZ = $13^h$ OEZ MEZ + 1h = OEZ |

**2**

Die in den Zeitzonen tatsächlich gebräuchlichen Zeiten stimmen nicht immer mit den Zeitzonen überein.

## Sommerzeit

Eine für die Sommermonate festgelegte Zeitverschiebung um 1 h. Ihr Vorteil besteht in der besseren Ausnutzung des Tageslichtes in den Abendstunden. In den meisten mitteleuropäischen Staaten gilt von April bis September die Mitteleuropäische Sommerzeit (MESZ).

## Sternzeit

In der Astronomie gebräuchliche Zeiteinteilung, die von der Rotation der Erde relativ zum Frühlingspunkt abgeleitet wird. Im Moment der oberen Kulmination des Frühlingspunktes ist $0^h$ Sternzeit.

**Sterntag.** Dauer einer Umdrehung der Erde, bezogen auf zwei aufeinanderfolgende obere Kulminationen des Frühlingspunktes. Ein Sterntag ist kürzer als ein mittlerer Sonnentag.
1 Sterntag = 24 h Sternzeit = 23 h 56 min 4,1 s Sonnenzeit
24 h Sonnenzeit = 24 h 3 min 56,6 s Sternzeit.
↗ Frühlingspunkt, S. 33

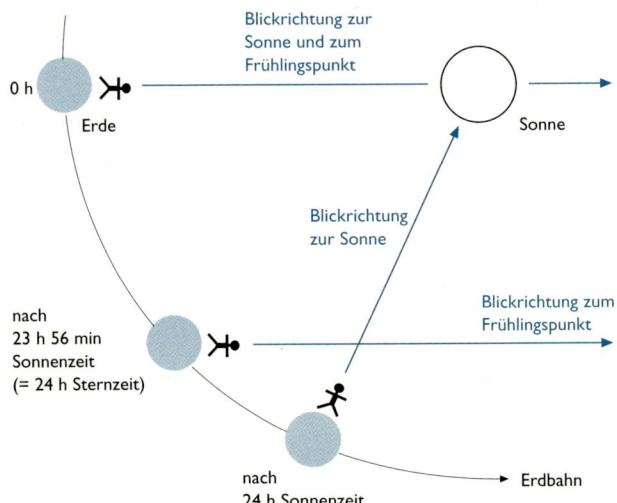

Sonnentag und Sterntag

# Kalender

Einteilung der Zeit durch Zusammenfassung von Vielfachen des Sonnentages. Grundlage ist entweder die Umlaufzeit der Erde um die Sonne (Sonnenkalender) oder die Umlaufzeit des Mondes um die Erde (Mondkalender).
Die natürlichen astronomischen Zeiteinheiten Monat und Jahr sind nichtganzzahlige Vielfache des Sonnentages, daher ergeben sich unterschiedliche Möglichkeiten für die Zeiteinteilung.

**Jahr.** Zeitspanne, die die Erde für einen Umlauf um die Sonne benötigt.

| Erdumlauf | | |
|---|---|---|
| Bezugspunkt | Dauer | Bezeichnung |
| Frühlingspunkt | 365 d 5 h 48 min 46 s | tropisches Jahr |
| ein beliebiger Stern | 365 d 6 h 9 min 9 s | siderisches Jahr |

Die Differenz zwischen der Länge des tropischen und des siderischen Jahres ist auf die Präzession zurückzuführen.
↗ Frühlingspunkt, S. 33; ↗ Präzession, S. 33

**Gemeinjahr.** Kalenderjahr zu 365 Tagen. Es ist um etwa 6 h (einen Vierteltag) kürzer als das astronomisch definierte Jahr.

**Schaltjahr.** Kalenderjahr zu 366 Tagen, das im allgemeinen im Rhythmus von 4 Jahren an die Stelle eines Gemeinjahres tritt. Mit dem zusätzlichen Schalttag (29. Februar) wird die kalendermäßige Jahreslänge an die astronomische Jahreslänge angeglichen.

**Julianischer Kalender.** Vorgänger des gregorianischen Kalenders, wurde im Jahre 46 v. Chr. unter Julius Caesar eingeführt.
Im Julianischen Kalender folgt jeweils auf drei Gemeinjahre ein Schaltjahr.
4 tropische Jahre dauern 1 460,9688 Tage,
4 Jahre nach dem Julianischen Kalender dauern 1 461,0000 Tage.
Die verbleibende Differenz von 0,0312 Tagen wächst in 128 Jahren auf einen vollen Tag an. Der Julianische Kalender ist deshalb heute nicht mehr in Gebrauch.

**Gregorianischer Kalender.** Der heute in den meisten Ländern der Erde allgemein gebräuchliche Kalender. Er wurde im Jahre 1581 durch eine von Papst Gregor XIII. berufene Kommission vorgeschlagen.

Schaltregeln des Gregorianischen Kalenders

> Alle Jahre, deren Jahreszahl durch 4 ohne Rest teilbar ist, sind Schaltjahre.
> Aber: Alle vollen Jahrhundertjahre, deren Jahreszahl nicht ohne Rest durch 400 teilbar ist, sind Gemeinjahre.

1800, 1900, 2100 sind Gemeinjahre,
1988, 1992, 1996, 2000, 2004, 2008, 2012 usw. sind Schaltjahre.

39

400 tropische Jahre dauern 146 096,88 Tage,
400 Jahre nach dem Gregorianischen Kalender dauern 146 097,00 Tage.
Die verbleibende Differenz kann für die nächsten Jahrtausende vernachlässigt werden.

**Julianisches Datum.** Eine in der Astronomie viel verwendete durchgängige Zählung der Tage, ohne Einteilung in größere Zeitabschnitte.
Jeder Tag erhält somit eine Zahl; Zeitdifferenzen lassen sich dadurch bequem berechnen. Der Anfang der Zählung wurde (willkürlich) auf den 1. 1. 4713 v. Chr. festgelegt.

| Tag im Gregorianischen Kalender | Julianisches Datum |
|---|---|
| 1. 9. 1980 | 2 444 484 |
| 1. 1. 1990 | 2 447 893 |
| 1. 1. 2000 | 2 451 545 |

↗ Astronomie in Ägypten, S. 167

## ASTRONOMISCHE KOORDINATEN

### Astronomische Koordinaten
Hilfsmittel zur Beschreibung eines Ortes auf der Himmelskugel. Für eine genäherte Orientierung am Sternhimmel sind Sternbilder eine ausreichende Hilfe. Sie genügen jedoch nicht, wenn ein Ort auf der Himmelskugel mit großer Genauigkeit angegeben werden muß.

- Bestimmen der Eigenbewegung von Sternen
- Auffinden sehr lichtschwacher Objekte, die mit dem bloßen Auge nicht gesehen werden können
- Beobachten und Auswerten der Bewegung eines Kometen relativ zu den Sternen

Für solche Aufgaben werden astronomische Koordinaten benutzt. Zur Beschreibung eines Ortes auf der Himmelskugel benötigt man Kugelkoordinaten. Der Radius der Himmelskugel wird dabei als unendlich groß betrachtet.

### Kugelkoordinaten
Grundlage jedes Kugelkoordinatensystems sind Achse und Grundebene, sowie ein Leitpunkt auf dem Grundkreis.

| | |
|---|---|
| Achse | Gerade durch den Kugelmittelpunkt |
| Grundebene | Ebene durch den Kugelmittelpunkt, senkrecht zur Achse |
| Grundkreis | Schnittlinie der Grundebene mit der Kugeloberfläche |
| Pole | Schnittpunkte der Achse mit der Kugeloberfläche |

Die Koordinaten werden als Winkel (mit dem Scheitel im Kugelmittelpunkt) definiert.

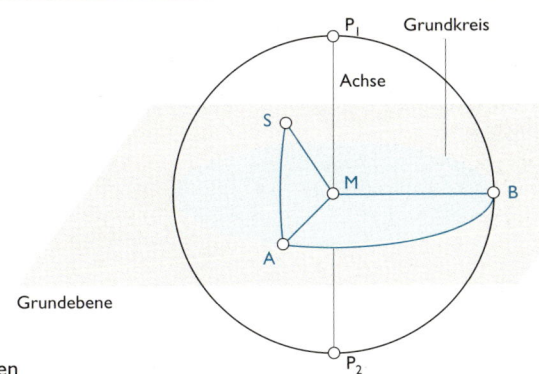

Kugelkoordinaten

| 1. Koordinate<br>Abstandswinkel | Abstand von der Grundebene;<br>Winkel *AMS* |
|---|---|
| 2. Koordinate<br>Richtungswinkel | Winkel *BMA*,<br>gemessen auf der Grundebene von einem Leitpunkt aus |

■ Geographische Koordinaten sind ebenfalls Kugelkoordinaten.

| Grundkreis | Erdäquator |
|---|---|
| Mittelpunkt | Erdmittelpunkt |
| Pole | Pole der Erde |
| Abstandswinkel | geographische Breite |
| Richtungswinkel | geographische Länge |
| Leitpunkt | Schnittpunkt des Meridians von Greenwich mit dem Erdäquator |

## Horizontsystem

| Grundkreis | Horizont |
|---|---|
| Mittelpunkt | Beobachtungsort |
| Pole | Zenit und Nadir |
| Abstandswinkel | Höhe *h* |
| Richtungswinkel | Azimut *a* |
| Leitpunkt | Südpunkt des Horizonts |

**Höhe.** Winkelabstand des Gestirns vom mathematischen Horizont.

| Höhe | Gestirn befindet sich im |
|---|---|
| 0°<br>90° | mathematischen Horizont<br>Zenit des Beobachters |

Negative Höhenangaben: Das Gestirn befindet sich unter dem Horizont.
↗ Horizont, S. 25

41

- Die astronomische Dämmerung beginnt morgens (endet abends), wenn die Sonne eine Höhe von $h = -18°$ hat.

**Azimut.** In Gradmaß angegebene Himmelsrichtung. Dafür sind zwei Zählweisen gebräuchlich:

| ■ astronomische Zählung | |
|---|---|
| Azimut | Himmelsrichtung |
| 0° = 360° | Süd |
| 90° | West |
| 180° | Nord |
| 270° | Ost |
| ■ geodätische Zählung | |
| Azimut | Himmelsrichtung |
| 0° | Nord |
| 90° | Ost |
| 180° | Süd |
| 270° | West |

Die geodätische Zählung wird auch in der Raumfahrt benutzt.

**Orts- und Zeitabhängigkeit.** Wegen der scheinbaren täglichen Bewegung der Gestirne sind die Koordinaten Azimut und Höhe vom Ort und vom Zeitpunkt der Beobachtung abhängig.

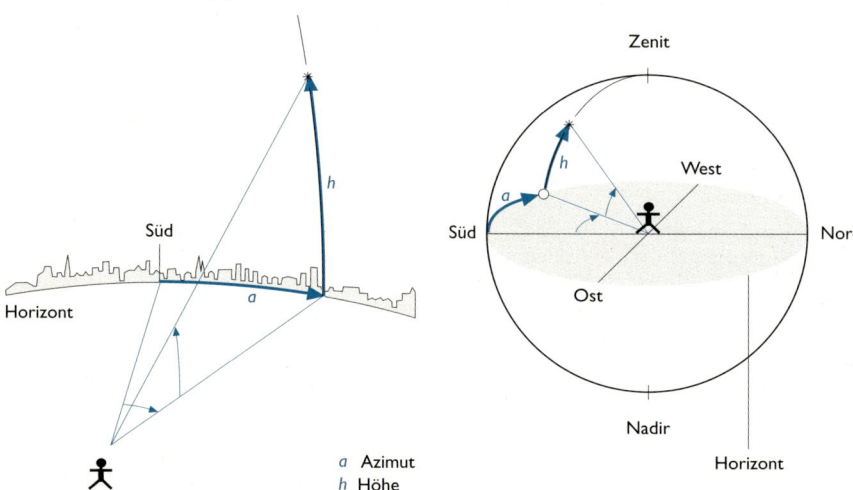

a Azimut
h Höhe

Azimut und Höhe eines Gestirns aus der Sicht eines auf der Erde befindlichen Beobachters

Azimut und Höhe eines Gestirns aus der Sicht eines außerhalb der Himmelskugel gedachten Beobachters

## Ruhendes Äquatorsystem

| Grundkreis | Himmelsäquator |
|---|---|
| Mittelpunkt | Beobachtungsort |
| Pole | Himmelspole |
| Abstandswinkel | Deklination $\delta$ |
| Richtungswinkel | Stundenwinkel $t$ |
| Leitpunkt | Schnittpunkt des Himmelsäquators mit dem Meridian |

**Deklination.** Winkelabstand des Gestirns vom Himmelsäquator, auf dem Stundenkreis des Gestirns nach Norden (positiv) und nach Süden (negativ) gezählt.

| Deklination | Gestirn befindet sich im |
|---|---|
| 0° | Himmelsäquator |
| + 90° | Himmelsnordpol |
| - 90° | Himmelssüdpol |

- Sonne beim astronomischen Sommeranfang: $\delta = + 23{,}4°$.

**Stundenkreis.** Größter Kreis an der Himmelskugel, der durch das Gestirn und die beiden Himmelspole verläuft.

**Stundenwinkel.** Winkel zwischen dem Schnittpunkt des Himmelsäquators mit dem Meridian und dem Schnittpunkt des Himmelsäquators mit dem Stundenkreis des Gestirns.
Er wird im Zeitmaß ($0^h$ bis $24^h$) oder im Gradmaß (0° bis 360°) vom Schnittpunkt des Himmelsäquators mit dem Meridian aus nach Westen gezählt.

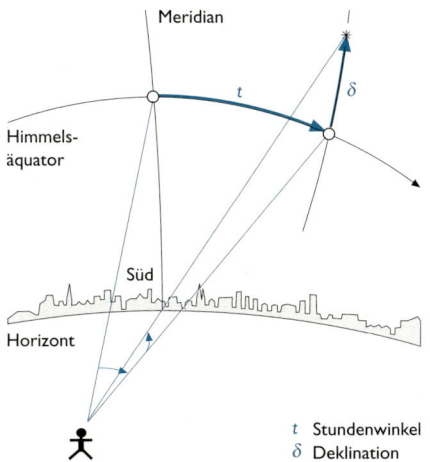

$t$ Stundenwinkel
$\delta$ Deklination

Stundenwinkel und Deklination eines Gestirns aus der Sicht eines auf der Erde befindlichen Beobachters

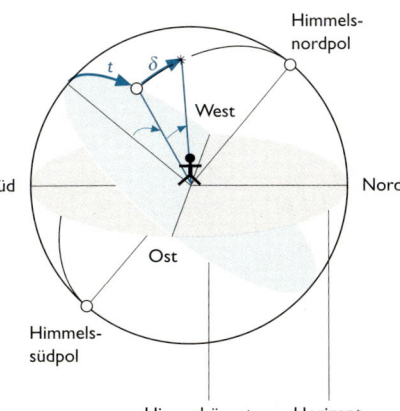

Stundenwinkel und Deklination eines Gestirns aus der Sicht eines außerhalb der Himmelskugel gedachten Beobachters

43

■ Der Stundenwinkel eines Sterns beträgt im Moment der oberen Kulmination 0° ($0^h$) und durchläuft alle Werte zwischen 0° und 360° ($0^h$ und $24^h$) im Verlaufe eines Sterntages.

**Orts- und Zeitabhängigkeit.** Wegen der scheinbaren täglichen Bewegung ist der Stundenwinkel vom Beobachtungsort und von der Zeit abhängig. Die Deklination eines Gestirns ist dagegen von beiden unabhängig.

↗ Sternzeit, S.38; ↗ Tägliche Bewegung der Gestirne, S. 29; ↗ Präzession, S. 33

## Rotierendes Äquatorsystem

| | |
|---|---|
| Grundkreis | Himmelsäquator |
| Mittelpunkt | Erdmittelpunkt |
| Pole | Himmelspole |
| Abstandswinkel | Deklination $\delta$ |
| Richtungswinkel | Rektaszension $\alpha$ (oder RA) |
| Leitpunkt | Frühlingspunkt |

Das Koordinatennetz des rotierenden Äquatorsystems ergibt sich als Projektion des Koordinatennetzes der Erde (geographische Länge und geographische Breite) an die Himmelskugel, jedoch wird als Leitpunkt des rotierenden Äquatorsystems der Frühlingspunkt verwendet.

**Deklination.** Definition und Zählung wie beim ruhenden Äquatorsystem.

**Rektaszension.** Winkel zwischen dem Frühlingspunkt und dem Schnittpunkt zwischen dem Himmelsäquator und dem Stundenkreis des Gestirns. Er wird vom Frühlingspunkt aus entgegen der täglichen Bewegung der Himmelskugel im Zeitmaß ($0^h$ bis $24^h$) gemessen.
Der Frühlingspunkt hat die Koordinaten $\alpha = 0^h$, $\delta = 0°$.

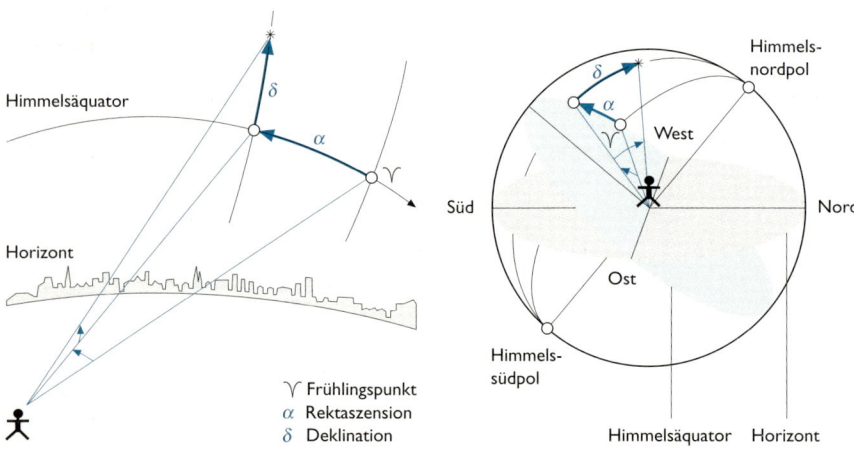

♈ Frühlingspunkt
$\alpha$ Rektaszension
$\delta$ Deklination

Rektaszension und Deklination eines Gestirns aus der Sicht eines auf der Erde befindlichen Beobachters

Rektaszension und Deklination eines Gestirns aus der Sicht eines außerhalb der Himmelskugel gedachten Beobachters

44

**Orts- und Zeitabhängigkeit.** Die Koordinaten Deklination und Rektaszension sind unabhängig vom Beobachtungsort und von der Zeit. Deshalb wird das rotierende Äquatorsystem vorzugsweise als Grundlage für Sternkarten und Sternatlanten benutzt.

↗ Präzession, S. 33
↗ Sternkarte, S. 28

## Ekliptiksystem

| Grundkreis | Ekliptik |
|---|---|
| Mittelpunkt | Erdmittelpunkt |
| Pole | nördlicher Ekliptikpol |
| | (im Sternbild Drache) |
| | südlicher Ekliptikpol |
| | (im Sternbild Schwertfisch) |
| Abstandswinkel | ekliptikale Breite $\beta$ |
| Richtungswinkel | ekliptikale Länge $\lambda$ |
| Leitpunkt | Frühlingspunkt |

Das Ekliptiksystem wird vor allem für die Beschreibung der Bewegungen von Sonne, Mond und Planeten sowie anderer Körper im Sonnensystem verwendet.

**Ekliptikale Breite.** Winkelabstand des Gestirns von der Ekliptik, auf dem Längenkreis des Gestirns nach Norden (positiv) und nach Süden (negativ) gezählt.

**Längenkreis.** Größter Kreis an der Himmelskugel, der durch das Gestirn und die beiden Ekliptikpole verläuft.

**Ekliptikale Länge.** Winkel zwischen dem Frühlingspunkt und dem Schnittpunkt zwischen der Ekliptik und dem Längenkreis des Gestirns. Er wird vom Frühlingspunkt aus in gleicher Richtung wie die Rektaszension im Gradmaß (0° bis 360°) gezählt.

↗ Ekliptik, S. 31
↗ Präzession, S. 33
↗ Rotierendes Äquatorsystem, S. 44

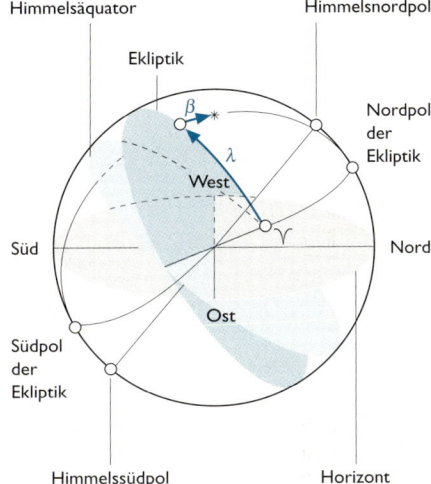

Ekliptikale Länge und ekliptikale Breite eines Gestirns aus der Sicht eines außerhalb der Himmelskugel gedachten Beobachters

### Heliozentrische Koordinaten

Beschreibung der Positionen der Körper des Sonnensystems, von der Sonne aus gesehen.

| | |
|---|---|
| Grundkreis | Ekliptik |
| Mittelpunkt | Sonnenmittelpunkt |
| Pole | nördlicher und südlicher Ekliptikpol |
| Abstandswinkel | heliozentrische Breite $b$ |
| Richtungswinkel | heliozentrische Länge $l$ |

↗ Ekliptiksystem, S. 45

### Galaktische Koordinaten

Beschreibung der Positionen von Objekten im Milchstraßensystem.

| | |
|---|---|
| Grundkreis | galaktischer Äquator |
| Mittelpunkt | Erdmittelpunkt |
| Pole | nördlicher Pol der Galaxis |
| | (im Sternbild Haar der Berenike) |
| | südlicher Pol der Galaxis |
| | (im Sternbild Bildhauer) |
| Abstandswinkel | galaktische Breite $b$ |
| Richtungswinkel | galaktische Länge $l$ |
| Leitpunkt | Schnittpunkt des galaktischen Äquators |
| | mit der Verbindungslinie von der Sonne zum Zentrum des |
| | Milchstraßensystems |
| | (er liegt im Sternbild Schütze) |

**Galaktischer Äquator.** Größter Kreis an der Himmelskugel, der durch den Verlauf der Milchstraße definiert wird. Er liegt etwa in der Mitte des Milchstraßenbandes.
↗ Milchstraße, S. 139

# Sonnensystem

## AUFBAU DES SONNENSYSTEMS

### Sonnensystem

Ein kosmisches System, dem die Sonne, unsere Erde und andere Objekte angehören. Oft wird es auch als Planetensystem bezeichnet. Zum Sonnensystem gehören folgende Himmelskörper:

| Objekte des Sonnensystems | |
|---|---|
| Himmelskörper | Anzahl |
| Sonne | I |
| Planeten | 9 |
| Monde (Satelliten, Trabanten) | etwa 60 |
| Planetoiden | etwa 500 000 |
| Kometen | etwa $10^{11}$ |
| Meteorite | |

Die Himmelskörper des Sonnensystems haben unterschiedliche Durchmesser.

■ Unsere Sonne als größter Himmelskörper des Systems hat einen Durchmesser von rund 1 392 000 km (109 Erddurchmesser). Die Durchmesser der Planeten liegen zwischen 143 000 km und 4 900 km (Erddurchmesser etwa 12 800 km). Der Durchmesser des Mondes beträgt rund 3 470 km (etwa 1/4 des Erddurchmessers).
↗ Sonne, S. 99

Im Raum zwischen den Planeten befindet sich die interplanetare Materie. Zu ihr gehören Gaspartikel, Mikrometeorite, Staubteilchen. Außerdem existieren im Sonnensystem Gravitations-, Strahlungs- und Magnetfelder.
↗ Meteorite, S. 92
↗ Interplanetare Materie, S. 95

### Physikalischer Aufbau des Sonnensystems

Stofflicher Zustand und Formen der Objekte des Sonnensystems. Man unterscheidet:

| Kugelartige Himmelskörper | |
|---|---|
| im gasförmigen Zustand | Sonne |
| im flüssig-gasförmigen Zustand | jupiterartige Planeten[1] |
| im festen Zustand | erdartige Planeten[2], Mehrzahl der Monde, einige Planetoiden |

| Irreguläre Körper | einige Monde<br>Mehrzahl der Planetoiden<br>Kometenkerne<br>größere Meteorite |
|---|---|
| Kleinpartikel<br>    aus Gas<br>    aus Staub | <br>Sonnenwind<br>Zodiakallicht, Mikrometeorite |
| Felder | Gravitationsfelder<br>Strahlungsfelder<br>Magnetfelder |

[1] Der Kern befindet sich in einem festen Zustand (Eisen und Siliciumverbindungen).
[2] Wahrscheinlich ist das Innere in einem teilweise flüssigen Zustand (z. B. Teile des äußeren Erdmantels).

**3**

↗ Sonne, S. 99

**Masseverteilung.** Verteilung der Masse auf die einzelnen Objekte des Sonnensystems. Die Sonnenmasse beträgt $2 \cdot 10^{30}$ kg. Sie vereinigt fast die gesamte Masse des Systems (99,87 %) und bildet das Gravitationszentrum. Dieses hält das Sonnensystem zusammen und bestimmt im wesentlichen die Bahnbewegungen der Körper. Die von den kleineren Himmelskörpern (z. B. Planeten) ausgehenden Gravitationskräfte wirken sich lediglich als Störungen aus.
↗ Gravitationsgesetz, S. 48

| Masseverteilung im Sonnensystem | |
|---|---|
| Objektgruppe | Masse der Erde = 1 |
| Sonne<br>Planeten<br>Satelliten<br>Planetoiden<br>Kometen | 333 000<br>446,8<br>0,12<br>0,0004<br>0,1 |
| Gesamtmasse | etwa 333 447 Erdmassen |

### Gravitationsgesetz

**Gravitation.** Massenanziehung (Schwerkraft), eine der vier grundlegenden physikalischen Fundamentalkräfte der Natur und allgemeine Eigenschaft der Materie. Danach üben alle Körper entsprechend ihrer Masse (Schwere) Anziehungskräfte aufeinander aus.

■ Die Gravitation hält z. B. die Masse in einem Stern, aber auch die Himmelskörper in einem Sternsystem zusammen; ist Ursache für die Bahnbewegung der Planeten um die Sonne sowie für die Bewegung der Doppelsterne um ihren gemeinsamen Schwerpunkt.

↗ Heliozentrische Bewegungen, S. 50
↗ Gleichgewichtszustand der Sterne, S. 124
↗ Doppelsternsysteme, S. 130

Newton formulierte das Gravitationsgesetz. Es lautet:

| | |
|---|---|
| $F = G \cdot \dfrac{m_1 \cdot m_2}{r^2}$ | $F$ = Gravitationskraft<br>$G$ = Gravitationskonstante<br>$m_1, m_2$ = Massen 1 und 2<br>$r$ = Abstand der Massenmittelpunkte |

Die **Gravitationskonstante** ist eine wichtige astronomische Konstante.

$$G = 6{,}672 \cdot 10^{-11} \ m^3 \cdot kg^{-1} \cdot s^{-2}$$

Das Gravitationsgesetz ist Grundlage für die Himmelsmechanik zur Berechnung von Bahnbewegungen kosmischer Körper und künstlicher Satelliten.
↗ Entdeckung der Gravitation, S. 173

## PLANETEN

### Planeten

Große kugelartige Himmelskörper, die nach den Keplerschen Gesetzen auf fast kreisförmigen Ellipsenbahnen den Stern Sonne umlaufen, von diesem bestrahlt werden und im reflektierten Sonnenlicht leuchten. Im Sonnensystem sind 9 Planeten bekannt. Man vermutet, daß sich auch um andere Sterne Planeten bewegen.

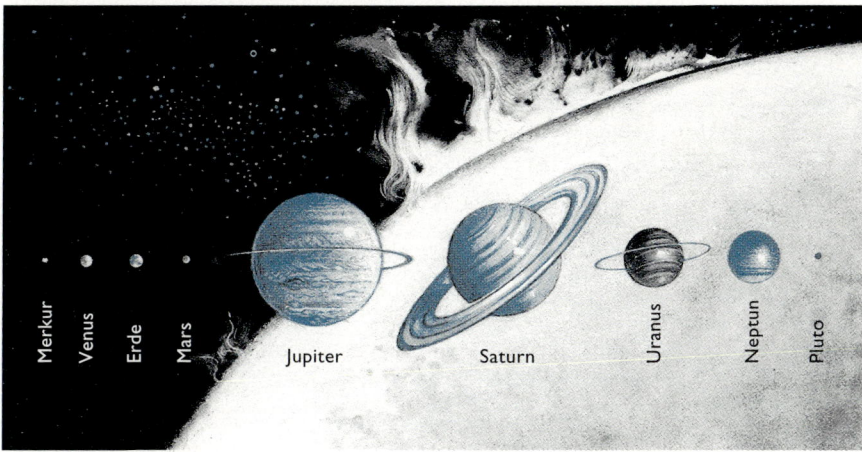

Größe der Planeten relativ zur Sonne

Planeten werden nach ihrer Sonnenentfernung im Vergleich zur Erde eingeteilt.

49

| Name des Planeten | Astronomisches Symbol | Bezeichnung, bezogen auf Bahnlage zur Erde |
|---|---|---|
| Merkur<br>Venus | ☿<br>♀ | innere Planeten<br>(auch untere Planeten genannt) |
| Erde | ♁ | |
| Mars<br>Jupiter<br>Saturn<br>Uranus<br>Neptun<br>Pluto | ♂<br>♃<br>♄<br>♅<br>♆<br>♇ | äußere Planeten<br>(auch obere Planeten genannt) |

## Heliozentrische Bewegungen

Bahnbewegungen der Planeten um die Sonne auf der Grundlage der Keplerschen Gesetze. Die Bewegungen vollziehen sich an der Himmelskugel im allgemeinen von West nach Ost und werden als rechtläufig bezeichnet.
↗ Keplersche Gesetze, S. 54

**Umlaufzeit.** Zeitspanne, in der sich ein Planet um die Sonne bewegt. Siderische Umlaufzeit $U$ ist die Zeitdauer, nach der ein Planet, für einen Beobachter auf der Sonne, wieder die gleiche Stellung am Fixsternhimmel einnimmt. Synodische Umlaufzeit $S$, ist die Zeitspanne zwischen zwei Konjunktionen oder zwei Oppositionen zwischen Sonne, Erde, Planet.
↗ Konstellationen, S. 53

Außer bei der Erde lassen sich siderische Umlaufzeiten nicht direkt messen. Sie können aber aus der synodischen Umlaufzeit berechnet werden. Die siderischen Umlaufzeiten stehen nach dem 3. Keplerschen Gesetz in Beziehung zu den großen Bahnhalbachsen.

Beziehung zwischen der siderischen und der synodischen Umlaufzeit eines Planeten.

$SE_1P_1$ ist eine Oppositionsstellung eines äußeren Planeten zur Sonne, $SE_2P_2$ die nächstfolgende. In der Zeit zwischen diesen Oppositionen hat $P$ den Bogen $P_1P_2$, $E$ aber einen vollen Umlauf und den Bogen $E_1E_2$ zurückgelegt. Wird der zu den Bogen $P_1P_2$ und $E_1E_2$ gehörende Zentriewinkel mit $\alpha$ bezeichnet, so gilt, wenn $U$ die siderische Umlaufzeit des Planeten, $S$ dessen synodische Umlaufzeit und $I$ die Umlaufzeit der Erde ist, für den Planeten $\alpha : 360° = S : U$, für die Erde $(360° + \alpha) : 360° = S : I$.

Daraus lassen sich nebenstehende Gleichungen gewinnen:

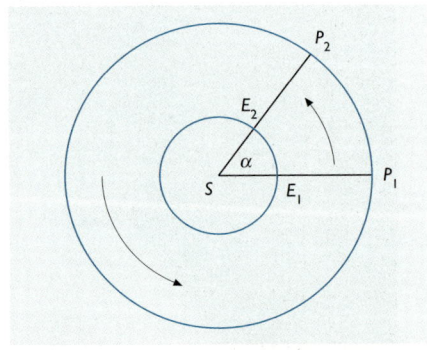

$$S = \frac{I \cdot U}{I - U}$$
(innerer Panet)

$$S = \frac{U \cdot I}{U - I}$$
(äußerer Panet)

| Umlaufzeiten und Bahngeschwindigkeiten der Planeten | | | |
|---|---|---|---|
| Name des Planeten | Umlaufzeit | | mittlere Bahngeschwindigkeit in km · s$^{-1}$ |
| | siderisch in d | synodisch in d | |
| Merkur | 87,97 | 115,9 | 47,90 |
| Venus | 224,7 | 583,9 | 35,05 |
| Erde | 365,26 | - | 29,80 |
| Mars | 686,98 | 779,9 | 24,12 |
| Jupiter | 4 332,59 | 398,9 | 13,06 |
| Saturn | 10 759,21 | 378,1 | 9,65 |
| Uranus | 30 685,4 | 369,6 | 6,80 |
| Neptun | 60 189 | 367,5 | 5,43 |
| Pluto | 90 465 | 366,7 | 4,74 |
| d Tage | | | |

**3**

## Titius-Bodesche Reihe

Empirische Gleichungen nach J. P. Titius und J. E. Bode, mit der sich näherungsweise die mittleren Entfernungen $a$ der Planeten von der Sonne berechnen lassen. Es steht noch nicht fest, ob es sich dabei um eine Gesetzmäßigkeit oder um ein Zufallsereignis im Sonnensystem handelt.

| Planet | $n$ = eine für den Planeten kennzeichnende Zahl | Entfernung $a$ in AE | |
|---|---|---|---|
| | | berechnete Entfernung | beobachtete Entfernung |
| Merkur | $\infty$ | 0,4 | 0,39 |
| Venus | 0 | 0,7 | 0,72 |
| Erde | 1 | 1,0 | 1,00 |
| Mars | 2 | 1,6 | 1,52 |
| Planetoiden | 3 | 2,8 | 2,9 |
| Jupiter | 4 | 5,2 | 5,20 |
| Saturn | 5 | 10,0 | 9,54 |
| Uranus | 6 | 19,6 | 19,18 |
| Neptun[1] | 7 | 38,8 | 30,06 |
| Pluto[1] | 8 | 77,2 | 39,44 |

[1] Die Bahnen von Neptun und Pluto entsprechen dieser Beziehung nicht befriedigend.

Die Abstände der Planeten von der Sonne sind nach der folgenden Gleichung angegeben:

$$a = 0,4 + 0,3 \cdot 2^n$$

Eine ursprüngliche Lücke zwischen Mars und Jupiter wurde durch die Auffindung der Planetoiden, für die man $n = 3$ einsetzte, geschlossen.

51

## Bahnelemente

Die Bahn eines Planeten (oder Mondes bzw. Satelliten) wird durch 6 Bahnelemente eindeutig festgelegt.

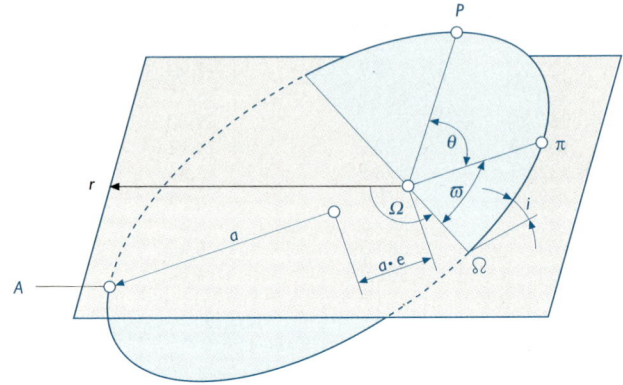

Bahnbestimmung

Zur Berechnung benötigt man folgende Größen:

$a$ Länge der großen Halbachse
(mittlere Entfernung von der Sonne, d. h. Größe der Bahn)

$i$ Bahnneigung (Neigung der Bahn zur Ekliptikebene)

$\Omega$ Knotenlänge (Bahnrichtung relativ zum Frühlingspunkt)

$\omega$ Abstand des aufsteigenden Knotens vom Perihel (Orientierung der Bahnellipse in der Bahnebene)

$\varepsilon$ numerische Exzentrizität (Beschreibung der Bahnform)

$T$ Perihelzeit (Zeitpunkt des Durchgangs des Himmelskörpers durch das Perihel; daraus kann der augenblickliche Standort des Objektes in seiner Bahn berechnet werden.

Eine Bahnbestimmung kann aus drei unabhängigen Beobachtungen erfolgen.

| Mittlere Bahnelemente eines Planeten | | | | | |
|---|---|---|---|---|---|
| Planet | mittlerer Sonnenabstand (große Halbachse) in AE | Exzentrizität der Bahn in ° | Neigung zur Ekliptik in ° und ' | Länge des | |
| | | | | aufsteigenden Knotens in ° (2000) | Perihels |
| Merkur | 0,39 | 0,2056 | 7° | 48 | 77 |
| Venus | 0,72 | 0,0068 | 3° 23' | 76 | 131 |
| Erde | 1,00 | 0,0167 | 0° | 125 | 103 |
| Mars | 1,52 | 0,0934 | 1° 50' | 49 | 136 |
| Jupiter | 5,20 | 0,0482 | 1° 18' | 100 | 14 |
| Saturn | 9,54 | 0,0553 | 2° 29' | 113 | 93 |
| Uranus | 19,27 | 0,0474 | 0° 46' | 74 | 170 |
| Neptun | 30,20 | 0,0104 | 1° 46' | 132 | 44 |
| Pluto | 39,84 | 0,2476 | 17° 9' | 110 | 223 |

## Geozentrische Bewegungen

Scheinbare Bewegung eines Planeten an der Himmelskugel aus der Sicht eines Erdbeobachters: Sie sind eine Folge der heliozentrischen Bewegung der Erde und der Planeten. Bezogen auf die Sonne, kann für einen Erdbeobachter ein Planet verschiedene *Konstellationen* (ausgezeichnete Stellungen) einnehmen.

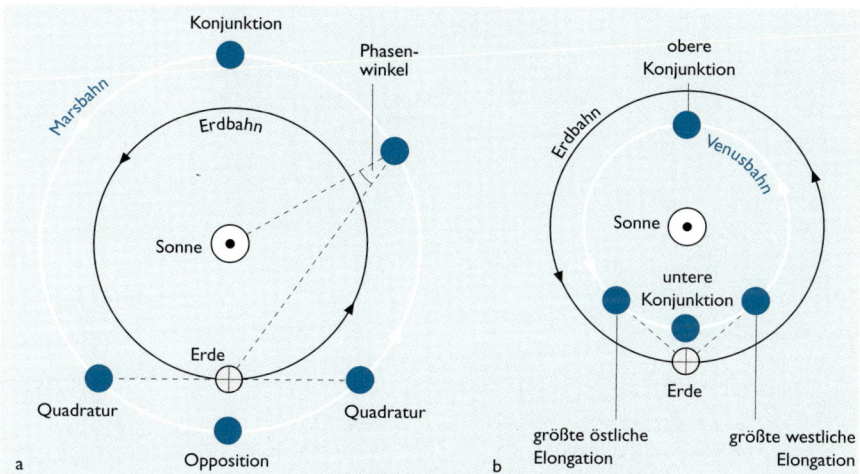

Bahn a) eines äußeren Planeten (Mars), b) eines inneren Planeten (Venus)

■ Seltene Konstellationen standen in der Geschichte oft im Blickpunkt der Sterndeutung. So war z. B. der Stern von Bethlehem eine sicher sehr seltene Oppositionsstellung von Jupiter und Saturn zur Zeit der Geburt von Christus (7 v. Chr.) im Sternbild der Fische. Diese Konstellation deutete Matthäus im Evangelium als Geburt des Königs der Juden, weil man Jupiter als Königsstern und Saturn als Judenstern betrachtete.

**Sichtbarkeit der Planeten.** Zur Zeit der Opposition sind äußere Planeten die ganze Nacht sichtbar, während sie zur Zeit der Konjunktion unsichtbar bleiben.
Innere Planeten haben nur einen kleinen Winkelabstand von der Sonne. Ihre größte östliche oder westliche Elongation (Unterschied in der ekliptikalen Länge zwischen der Sonne und einem Planeten) beträgt für Merkur höchstens 27° und für Venus höchstens 47°. Deshalb können diese Planeten - wenn überhaupt - nur abends am Westhimmel oder morgens am Osthimmel beobachtet werden.

■ In östlicher Elongation ist die Venus für uns am westlichen Abendhimmel als „Abendstern" und in westlicher Elongation am östlichen Morgenhimmel als „Morgenstern" sichtbar.

**Planetenschleifen.** Für einen Erdbeobachter bewegen sich die Planeten im allgemeinen rechtläufig, d. h. von West nach Ost durch die Sternbilder des Tierkreises. Infolge unterschiedlicher Winkelgeschwindigkeit des Planeten kommt es zu Überholvorgängen mit der Erde. Wenn diese einen langsameren äußeren Planeten überholt, d. h. um die Zeit der Opposition, dann bewegt sich der betreffende Planet für

**53**

eine bestimmte Zeit scheinbar rückläufig. Infolge der Neigung der wahren Planetenbahn zur Ekliptik nimmt die scheinbare Planetenbahn zur Zeit der Rückläufigkeit eine mehr oder weniger ausgeprägte Schleifenform an.

**3**

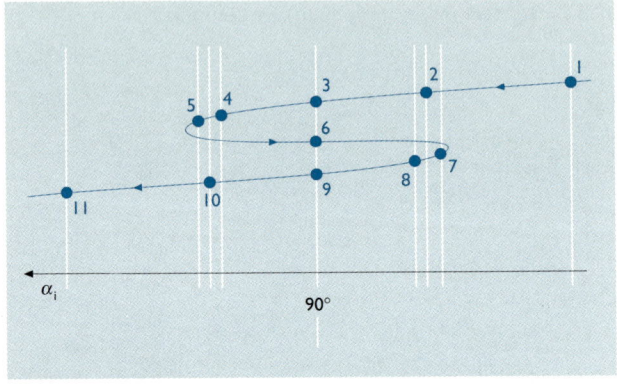

Schleifenbewegung eines Planeten

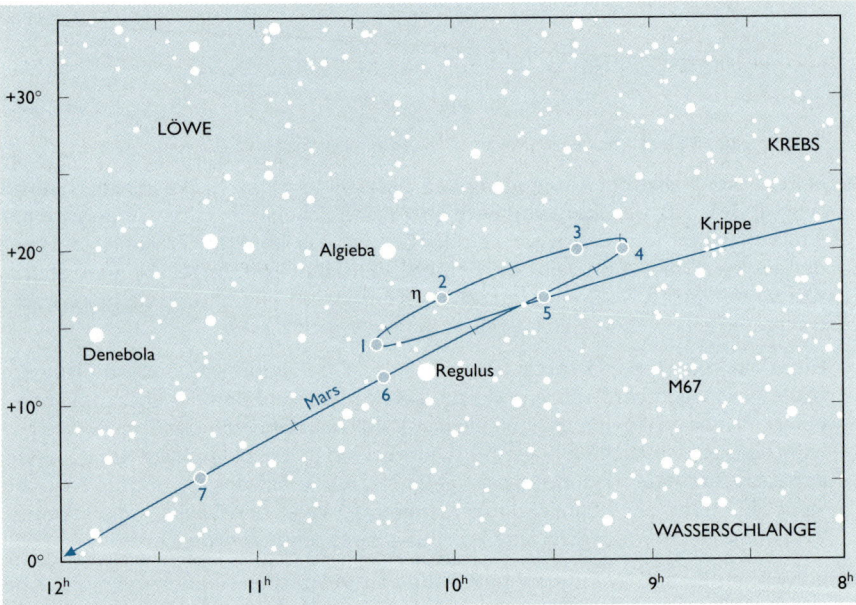

Beobachtete Bewegung des Planeten Mars in den Jahren 1994/95

## Keplersche Gesetze

Johannes Kepler formulierte drei Gesetze über die ungestörte Planetenbewegung um die Sonne. Sie sind für jede Bewegung eines relativ massearmen Körpers im Gravitationsfeld eines massereichen Körpers gültig (z. B. für die Bewegung eines Mondes oder künstlichen Raumflugkörpers um einen Planeten).

54

## 1. Keplersches Gesetz. (Gesetz von der Bahnform)

Planetenbahnen sind Ellipsen mit der Sonne in einem Brennpunkt.

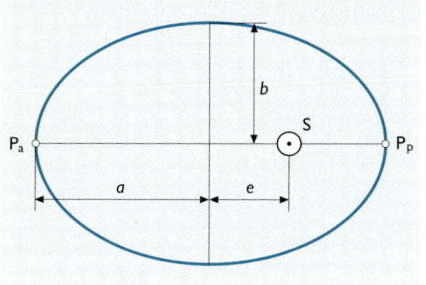

| | |
|---|---|
| $S$ | Sonne |
| $P_a$ | Aphel, Planet in Sonnenferne |
| $P_p$ | Perihel, Planet in Sonnennähe |
| $a$ | große Halbachse |
| $b$ | kleine Halbachse |
| $e$ | lineare Exzentrizität |
| $e^2$ | $= a^2 - b^2$ |

numerische Exzentrizität $\varepsilon = \dfrac{e}{a}$

**3**

1. Keplersches Gesetz

Periheldistanz $= P_p S = a - e = a\,(1 - \varepsilon)$
Apheldistanz $= P_a S = a + e = a\,(1 + \varepsilon)$.

Die Ellipsenform wird in der Astronomie mit den Größen $a$ und e bestimmt. Aus dem 1. Keplerschen Gesetz folgt, daß die Planeten während ihres Umlaufs um die Sonne ständig ihre Entfernung zum Zentralkörper verändern.

■ Die mittlere Entfernung Erde - Sonne (große Halbachse der Erdbahn) wird Astronomische Einheit (AE) genannt (1 AE = 149,6 · $10^6$ km).
Die geringste Entfernung der Erde von der Sonne beträgt 147,1 · $10^6$ km (Perihel im Januar), die größte 152,1 · $10^6$ km (Aphel, Anfang Juli).
↗ Entfernungseinheiten, S. 111; ↗ Bahnelemente, S. 52

## 2. Keplersches Gesetz. (Gesetz von der Bahngeschwindigkeit des Planeten in Abhängigkeit vom Sonnenabstand)

Der Fahrstrahl Sonne - Planet überstreicht in gleichen Zeiten gleiche Flächen.

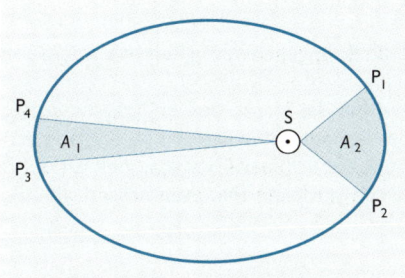

2. Keplersches Gesetz

Wenn $A_1 = A_2$, dann legt der Planet die Strecke $P_1 P_2$ in der gleichen Zeit zurück wie die Strecke $P_3 P_4$. Daraus folgt: Im Perihel (Sonnennähe) ist die Bahngeschwindigkeit des Planeten größer als im Aphel (Sonnenferne).

**55**

■ Die Bahngeschwindigkeit der Erde beträgt im Aphel 29,3 km/s, im Perihel 30,3 km/s. Das Winterhalbjahr ist (auf der Nordhalbkugel der Erde) kürzer als das Sommerhalbjahr (Differenz 7,6 Tage).

Bei Existenz einer Zentralkraft gilt das 2. Keplersche Gesetz als Flächensatz. Im Gravitationsfeld einer solchen Kraft kann die vom Fahrstrahl überstrichene Fläche berechnet werden.

Falls
$A$    überstrichene Fläche
$D$    Drehimpuls des umlaufenden Körpers
$t$    Zeit
$m$    Masse des umlaufenden Körpers

dann gilt  $A = D \cdot \dfrac{t}{2m}$ .

Da $D$ und $m$ konstant sind, gilt auch
$A \sim t$.

↗ Bahnen für Raumflugkörper, S. 57
↗ Bahnen von Kometen, S. 91
↗ Gravitationsgesetz, S. 48

**3. Keplersches Gesetz.** (Gesetz des Zusammenhangs von Bahngröße und Umlaufzeit)

| | |
|---|---|
| Die Quadrate der Umlaufzeiten zweier Planeten verhalten sich wie die dritten Potenzen der großen Halbachsen ihrer Bahnen. | |
| $\dfrac{T_1^2}{T_2^2} = \dfrac{a_1^3}{a_2^3}$ <br><br> woraus folgt: <br><br> $\dfrac{T^2}{a^3}$ = konstant | $T_1, T_2$  Umlaufzeiten der Planeten 1 und 2 <br> $a_1, a_2$  große Bahnhalbachsen der Planeten 1 und 2 |

Aus dem 3. Keplerschen Gesetz folgt, daß die Bahngeschwindigkeit mit wachsendem Sonnenabstand abnimmt.
In obiger Form gilt das Gesetz streng nur, wenn die Masse des Zentralkörpers (z. B. Sonne) sehr groß gegenüber den Massen der umlaufenden Körper (z. B. Planeten) ist. Die Bewegung eines Planeten hängt aber nicht nur von der Gravitationskraft der Sonne, sondern auch von gravitativen Einflüssen anderer Planetenmassen ab, die zu berücksichtigen sind.
Dazu werden Gleichungen angewandt.

Wenn
$G$        Gravitationskonstante ($G = 6,67 \cdot 10^{-11}$ m³ · kg⁻¹ · s⁻²)
$T_1, T_2$    Umlaufzeiten der Planeten
$a_1, a_2$    große Bahnhalbachsen

$m_\odot$      Sonnenmasse
$m_1, m_2$    Massen der Planeten

dann gilt $\dfrac{T_1^{\,2} \cdot (m_\odot + m_1)}{T_2^{\,2} \,(m_\odot + m_2)} = \dfrac{a_1^{\,3}}{a_2^{\,3}}$

bzw. für einen einzelnen Planeten    $\dfrac{T_1^{\,2} \cdot (m_\odot + m_1)}{a_1^{\,3}} = \dfrac{4\pi^2}{G}$ .

↗ Heliozentrische Bewegungen, S. 50; ↗ Bahnen von Raumflugkörpern, S. 57
↗ Gravitationsgesetz, S. 48
↗ Entdeckung der Planetengesetze, S. 173

## Bahnbestimmung für Raumflugkörper

**3**

Die Gesetze der Himmelsmechanik sind fundamentale Grundlage zur Bahnbestimmung von Raumflugkörpern. Das Hauptproblem für Raumflüge ist die Überwindung der Schwerkraft des Himmelskörpers und die dazu erforderliche Energie.

## Bahngeschwindigkeiten

Geschwindigkeiten von Raumflugkörpern nach Brennschluß der letzten Stufe der Trägerrakete relativ zu dem Himmelskörper, von denen ihre Bahnen ausgehen (z. B. Erde, Mond, Planet) bzw. in dessen Gravitationsfeld sie sich bewegen.

**Bahnformen.** Sie werden durch die Bahngeschwindigkeit der Raumflugkörper bestimmt.

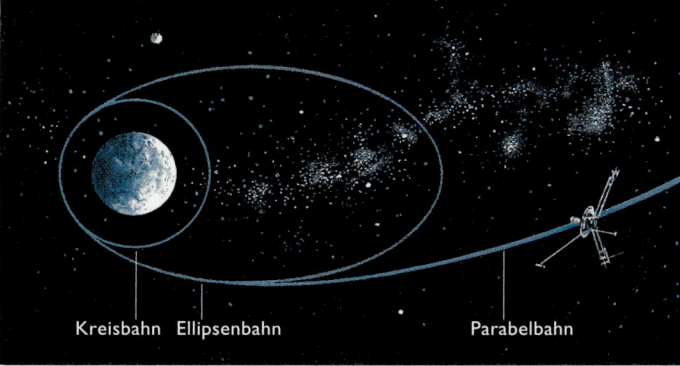

Kreisbahn    Ellipsenbahn           Parabelbahn

Bahnformen

**Kreisbahngeschwindigkeit ($v_K$).** Bewegung eines Raumflugkörpers in einer geschlossenen Bahn mit konstanter Höhe um ein Gravitationszentrum (z. B. Erde). Die Kreisbahngeschwindigkeit läßt sich mit folgender Gleichung ermitteln:

| $v_K = \sqrt{r \cdot g}$ | $r$   Erdradius |
|---|---|
| | $g$   Fallbeschleunigung an der Erdoberfläche ($9{,}81$ m/s$^2$) |

Die Kreisbahngeschwindigkeit ist von der Bahnhöhe des Raumflugkörpers abhängig. Für eine Bahnhöhe unmittelbar über der Erdoberfläche $H = 0$ ist $v_K = 7{,}912$ km/s.

**57**

Die Umlaufzeit beträgt 84,4 min. Sie wird als Minimum-Kreisbahngeschwindigkeit bezeichnet. Jedoch ist eine solche Flugbahn in der Praxis nicht zu verwirklichen.

| Kreisbahngeschwindigkeit ($v_K$), Umlaufzeiten ($P$) und Bahnhöhen ($H$) von Raumflugkörpern | | | |
|---|---|---|---|
| Bahnhöhe $H$ in km | Kreisbahngeschwindig- keit $v_K$ in km/s | Umlaufzeit $P$ in h und | min |
| 200 | 7,79 | 1 | 28 |
| 500 | 7,63 | 1 | 34 |
| 1 000 | 7,36 | 1 | 45 |
| 1 500 | 7,13 | 1 | 56 |
| 2 000 | 6,91 | 2 | 07 |
| 3 000 | 6,53 | 2 | 31 |
| 5 000 | 5,92 | 3 | 22 |
| 10 000 | 4,94 | 3 | 48 |
| 20 000 | 3,90 | 11 | 49 |
| 35 900 | 3,07 | 24 | 00 (geostationärer Satellit) |
| 50 000 | 2,66 | 36 | 53 |

Durch Über- oder Unterschreiten der Kreisbahngeschwindigkeiten werden Ellipsenbahnen erzeugt.

**Fluchtgeschwindigkeit ($v_F$)** (Entweichgeschwindigkeit). Geschwindigkeit eines Raumflugkörpers, um das Gravitationsfeld des Himmelskörpers bzw. des kosmischen Systems zu verlassen.

**Parabelbahngeschwindigkeit ($v_p$).** Die Geschwindigkeit muß um den Faktor 1,414 ($= \sqrt{2}$) größer sein, als die Kreisbahngeschwindigkeit eines Raumflugkörpers in einer bestimmten Bahnhöhe über der Erdoberfläche. Die Parabelgeschwindigkeit läßt sich wie folgt ermitteln:

$$v_p = \sqrt{2 \cdot g \cdot r}.$$

Daraus folgt: $v_p = \sqrt{2 \cdot v_K}$. Die Parabelgeschwindigkeit für einen Raumflugkörper, der das Gravitationsfeld der Erde aus einer Minimum-Kreisbahn verlassen will, beträgt 11,2 km/s.

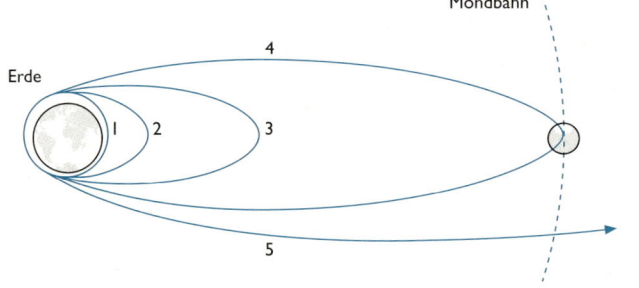

Bahngeschwindigkeiten

(1) Kreisbahn
$v_0 = 7,9$ km/s
(2) Ellipsenbahn
$v_0 = 10,0$ km/s
(3) Ellipsenbahn
$v_0 = 11,0$ km/s
(4) Ellipsenbahn
$v_0 = 11,1$ km/s
(5) Parabelbahn
$v_0 = 11,2$ km/s

■ Für jeden Himmelskörper läßt sich in Abhängigkeit von seiner Masse und seinem Radius die Minimum-Kreisbahngeschwindigkeit ($v_{MK}$) und die Fluchtgeschwindigkeit aus der Minimum-Kreisbahnhöhe ($v_{FM}$) für einen Raumflugkörper bestimmen.

| Objekt | $v_{MK}$ in km/s | $v_{FM}$ in km/s |
|---|---|---|
| Sonne | 438 | 618 |
| Merkur | 3,0 | 4,2 |
| Venus | 7,3 | 10,3 |
| Erde | 7,9 | 11,2 |
| Mond | 1,7 | 2,4 |
| Mars | 3,6 | 5,0 |
| Jupiter | 43 | 61 |
| Saturn | 26 | 37 |
| Uranus | 16 | 22 |
| Neptun | 18 | 25 |
| Pluto | | |

**3**

**Hyperbelgeschwindigkeit ($v_H$).** Geschwindigkeit eines Raumflugkörpers, um das Gravitationsfeld der Sonne zu verlassen. Sie muß um den Faktor $\sqrt{2}$ größer sein, als die mittlere Umlaufgeschwindigkeit des Planeten, von dem der Raumflugkörper startet. Auf die Erde bezogen, ergibt sich ein Wert von 42,2 km/s tangential zur Erdbahn. Da die Bahngeschwindigkeit der Erde 29,8 km/s beträgt, entsteht eine Differenz von 12,5 km/s, zusätzlich der Fluchtgeschwindigkeit von der Erde von 11,2 km/s, die zur Erreichung einer hyperbolischen Flugbahn notwendig ist.
Aus der Gleichung

| $v_H = \sqrt{v_{P_1}^2 + v_{P_2}^2}$ | $v_{P_1}$ Parabelgeschwindigkeit für die Erde<br>$v_{P_2}$ 12,5 km/s |
|---|---|

ergibt sich für einen Raumflugkörper, der das Gravitationsfeld des Sonnensystems von der Erde aus verlassen will, eine Hyperbelgeschwindigkeit von 16,7 km/s.

### Interplanetare Flugbahnen
Bahnen von Raumflugkörpern zu anderen Himmelskörpern des Sonnensystems, wobei ein gradliniger Flug von der Erde zum Zielobjekt nicht möglich ist.

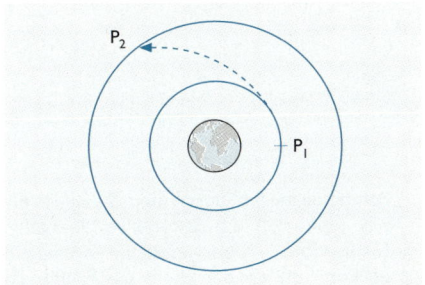

Klassische Übergangsbahn (Hohmann-Bahn) -
gestrichelt - von einer erdnahen zu einer erd-
ferneren Umlaufbahn (Kreisbahn)
$P_1$ Abflugimpuls,
$P_2$ Anpassungsimpuls (Bahnkorrekturen)

**59**

**Hohmann-Bahnen.** Um das Zielobjekt mit geringer Flugdauer und niedrigem Energieverbrauch zu erreichen, muß der Raumflugkörper z. B. auf eine elliptische Bahn um die Sonne gebracht werden, die mit der Erdbahn tangential verläuft und die Bahn des Zielobjektes berührend erreicht (Berührungsellipse).

■ Auf einer Hohmann-Bahn dauert ein Flug zum Planeten Mars 260 Tage. Für die Rückkehr wird die gleiche Zeit benötigt. Da aber zwischen Start und Ankunft auf der Erde die Erde bei ihrer Bewegung um die Sonne eine bestimmte Strecke zurückgelegt hat, dauert der Flug länger als 520 Tage.
↗ Swing-by-Effekt, S. 60; ↗ Heliozentrische Bewegungen, S. 50
↗ Bahnelemente, S. 52

## Swing-by-Effekt (Fly-by-Effekt)

Ausnutzung der Gravitationskraft und der Bahngeschwindigkeit eines Himmelskörpers zum Zwecke der Bahn- und Geschwindigkeitsänderung eines Raumflugkörpers. Die Bahnänderung hängt von der Masse des Himmelskörpers, der Entfernung während des Vorbeifluges und der Richtung des Anfluges des Raumflugkörpers ab.

Vorteile — Bahnänderung ohne Treibstoffverbrauch
— Verkürzung interplanetarer Flugzeiten
— Erreichen zusätzlicher Ziele möglich

Nachteile — Einengung der Startzeiten, da günstige Positionen zwischen Start- und Zielobjekt erforderlich
— kleinere Ungenauigkeiten bei notwendigen Bahnkorrekturen führen zum Fehlschlag des Vorhabens

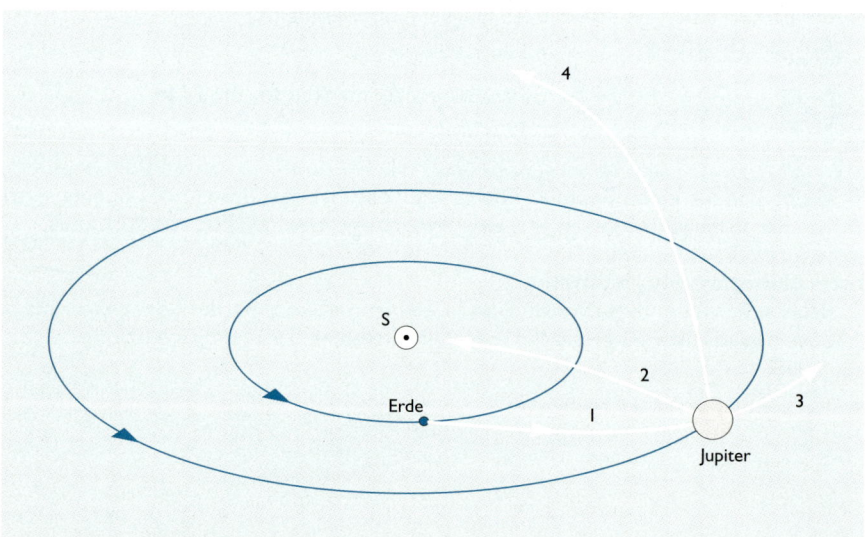

Bahnänderungen durch den Swing-by-Effekt. (1) Primäre Übergangsbahn Erde (E) - Planet, z.B. Jupiter (J); (2) Sekundäre Übergangsbahn in das innere Sonnensystem und zur Sonne; (3) Sekundäre Übergangsbahn in das äußere Sonnensystem und in den interstellaren Raum; (4) Bahn, die aus der Ebene des Planetensystems hinausführt

■ Der Planet Jupiter ist z.B. wegen seiner relativ großen Masse in der Lage, unter Beachtung bestimmter Bedingungen Raumsonden zu jedem Ziel im äußeren Sonnensystem umzuleiten (Beispiele: Pioneer Jupiter, Voyager).

Für untere Planeten mit ihren geringen Massen finden solche Manöver unter gewissen Einschränkungen statt. Sie können Geschwindigkeit und Bahnneigung eines vorbeifliegenden Raumflugkörpers nur unwesentlich ändern.

## Physikalische Einteilung der Planeten

| Zustandsgröße | Erdartige Planeten Merkur, Venus, Erde, Mars | Jupiterartige Planeten Jupiter, Saturn, Uranus, Neptun |
|---|---|---|
| Radius | relativ klein | relativ groß |
| Masse | relativ klein | relativ groß |
| Dichte | relativ groß | relativ klein |

Aufgrund oben genannter Merkmale unterscheiden sich die erdartigen und jupiterartigen Planeten auch in ihrem inneren Aufbau und in der chemischen Zusammensetzung.

Die jupiterartigen Planeten werden in Riesenplaneten (Jupiter, Saturn) und in Großplaneten (Uranus, Neptun) untergliedert. Der Planet Pluto ist bisher in diese Einteilung nicht einbezogen, weil vorliegende Beobachtungsdaten noch zu unsicher sind.

| Wichtige physikalische Größen der Planeten | | | |
|---|---|---|---|
| Planet | Äquatorradius in km | Masse in Erdmassen $(5,976 \cdot 10^{24}$ kg) | mittlere Dichte in $g \cdot m^{-3}$ |
| Merkur | 2 439 | 0,056 | 5,44 |
| Venus | 6 052 | 0,815 | 5,24 |
| Erde | 6 378 | 1,000 | 5,52 |
| Mars | 3 394 | 0,107 | 3,94 |
| Jupiter | 71 398 | 317,82 | 1,33 |
| Saturn | 60 330 | 95,11 | 0,70 |
| Uranus | 25 900 | 14,52 | 1,27 |
| Neptun | 24 300 | 17,22 | 1,71 |
| Pluto[1] | 1 190 | 0,04 | 2,1 |
| [1] Werte sind noch unsicher. | | | |

61

| Wichtige physikalische Größen der Planeten (Fortsetzung) | | | | | | |
|---|---|---|---|---|---|---|
| Planet | Schwere-beschleunigung an der Oberfläche in $g_{Erde}$ | Flucht-geschwindigkeit am Äquator in km/s | Rotationsdauer in | | | |
| | | | d | h | min | s |
| Merkur | 0,39 | 4,3 | 58 | 15 | | |
| Venus | 0,90 | 10,4 | 224 | 3 | 40 | |
| Erde | 1,00 | 11,2 | | 23 | 56 | 4 |
| Mars | 0,38 | 5,0 | | 24 | 37 | 23 |
| Jupiter | 2,51 | 59,5 | | 9 | 50 | |
| Saturn | 1,06 | 33,4 | | 10 | 14 | |
| Uranus | 0,88 | 21,2 | | 17 | 15 | |
| Neptun | 1,16 | 23,9 | | 18 | 12 | |
| Pluto[1] | $\approx 0,14$ | 1,27 | 6 | 9 | 17 | |

[1] Werte sind noch unsicher.

## Merkmale erdartiger Planeten

| | |
|---|---|
| Sonnenabstand | 0,39 AE bis 1,52 AE |
| Masse | 0,056 Erdmasse bis 1 Erdmasse |
| Radius | 2 439 km bis 6 378 km |
| Mittlere Dichte | 3,94 g · cm$^{-3}$ bis 5,52 g · cm$^{-3}$ |
| Rotation | 23 h 56 min 4 s bis 224 d 3 h 40 min |
| Abplattung | 0 bis 1/300 |
| Atmosphäre | wenn vorhanden, vor allem $HCO_2$, $N_2$, $O_2$, $H_2O$ |
| Oberfläche | feste Kruste, Strukturen durch Einschlagkrater |
| Innerer Aufbau | Schalencharakter, vor allem Fe, O, Si |
| Monde | wenige oder fehlen |
| Ringe | keine |

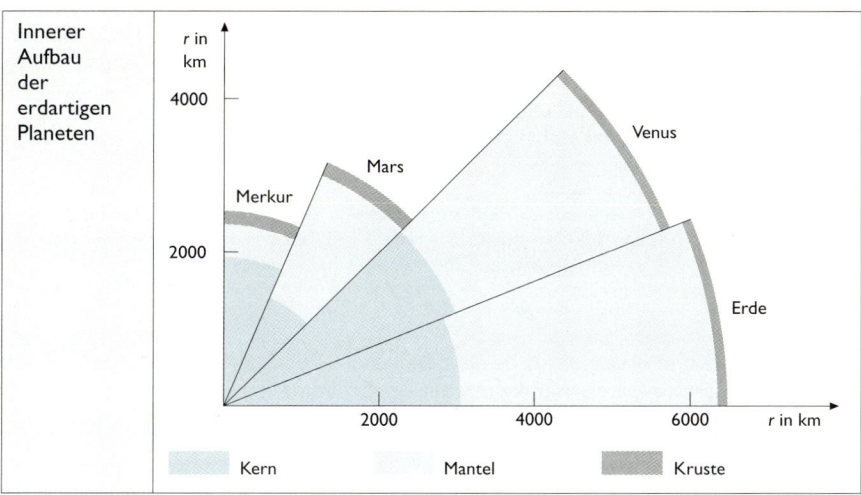

Innerer
Aufbau
der
erdartigen
Planeten

r in km

4000

2000

Venus

Mars

Merkur

2000    4000    6000    r in km

Erde

**3**

Kern          Mantel          Kruste

## Merkur

Die Oberfläche des sonnennächsten Planeten ist mond- und sein innerer Aufbau erd-
ähnlich.

Merkur
(MARINER 10)

| Wichtige Daten | |
| --- | --- |
| Atmosphäre | extrem dünn, vermutlich eingefangene Schwaden der Sonnenatmosphäre, Spuren von He, H, $H_2O$, Atmosphärendruck an Merkuroberfläche: $2 \cdot 10^7$ Pa |

63

| Oberfläche | zerklüftet, viele Krater unterschiedlicher Größe, zum Teil mit Zentralbergen, Ebenen als kreisförmige Becken, *Caloris Basin* (riesiges Einsturzbecken mit etwa 1 400 km Durchmesser), gewundene Böschungen, Steilhänge (20 bis 500 km Länge und bis zu 3 km Höhe), Oberflächentemperatur: etwa 700 K auf Tagseite etwa 90 K auf Nachtseite |
|---|---|
| Innerer Aufbau | Fe-Kern, etwa 50 % des Merkurvolumens und 80 % seines Radius, Si-Mantel (rund 600 km dick), Magnetfeld fällt fast mit Rotationsachse zusammen, Magnetfeldstärke an Oberfläche: 0,0035 Gauß |

## Venus

**3**

Nach Größe und Masse der Erde sehr ähnlich. Die übrigen physikalischen Merkmale haben bestimmte Gemeinsamkeiten mit der Erde und dem Mars.

| Wichtige Daten | |
|---|---|
| Atmosphäre | 90fache Masse der Erdatmosphäre, vor allem $CO_2$ (96,5 %), $NO_2$ (3,5 %), Spuren von $H_2O$ und $O_2$, in den oberen Schichten starke Zirkulation, undurchdringliche gelbe Wolkendecke aus $H_2SO_4$, reflektiert 76 % des einfallenden Sonnenlichtes, Temperaturanstieg ab Wolkenobergrenze bis Venusoberfläche von 180 K auf 730 K, kaum Temperaturunterschied zwischen Tag und Nacht (Treibhauseffekt), Atmosphärendruck an Venusoberfläche: $9 \cdot 10^6$ Pa |
| | 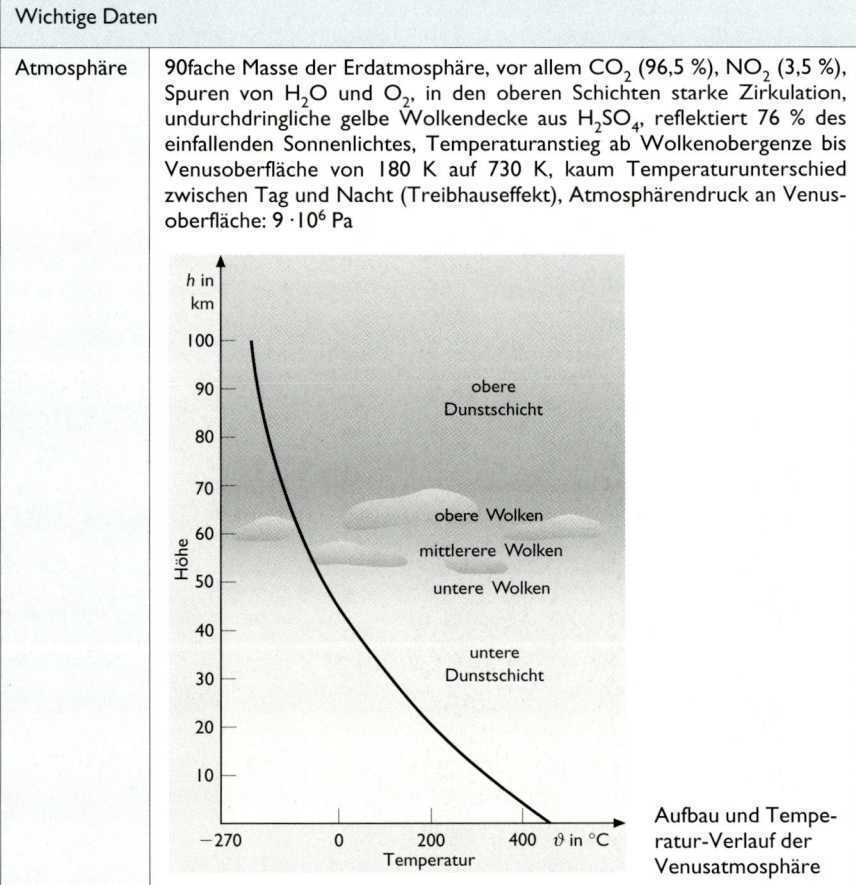 Aufbau und Temperatur-Verlauf der Venusatmosphäre |

| | |
|---|---|
| Oberfläche | etwa 70 % Ebenen, 20 % Einsenkungen, 10 % Hochländer, hier Gebiete mit eingeebneten Kratern, Vulkane, von denen vermutlich noch welche aktiv sind, Kruste: felsig-steinige Struktur mit hohem K-Gehalt<br> <br>Venusoberfläche (MAGELLAN) |
| Innerer Aufbau | Ni-Fe-Kern, etwa 12 % der Planetenmasse, schwaches Magnetfeld |

## Erde

Einziger Planet des Sonnensystems, auf dem hochentwickeltes Leben existiert.

| Wichtige Daten | |
|---|---|
| Magneto-sphäre | 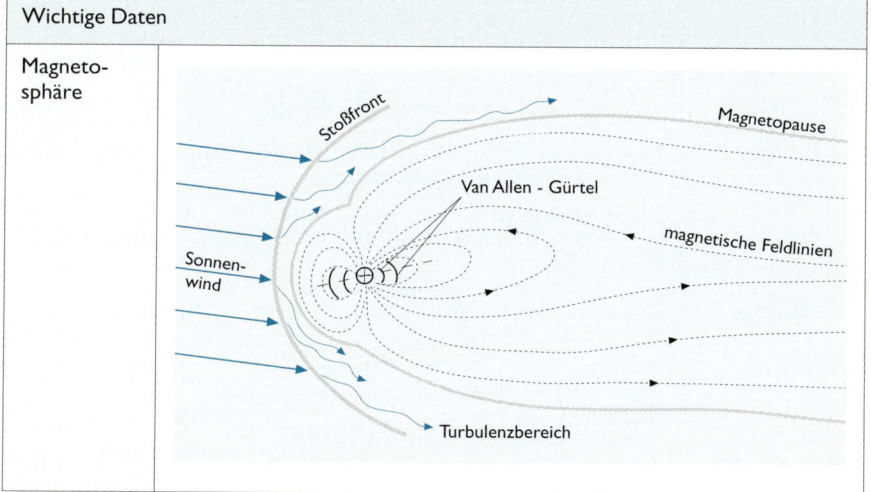 |

**3**

**Van-Allen-Gürtel.** Innerer Gürtel 1 000 bis 6 000 km über dem Erdäquator (hoch-energetische Protonen);
Äußerer Gürtel 15 000 bis 25 000 km über dem Erdäquator (Elektronen)

| Atmosphäre | Aufbau |
|---|---|
| | 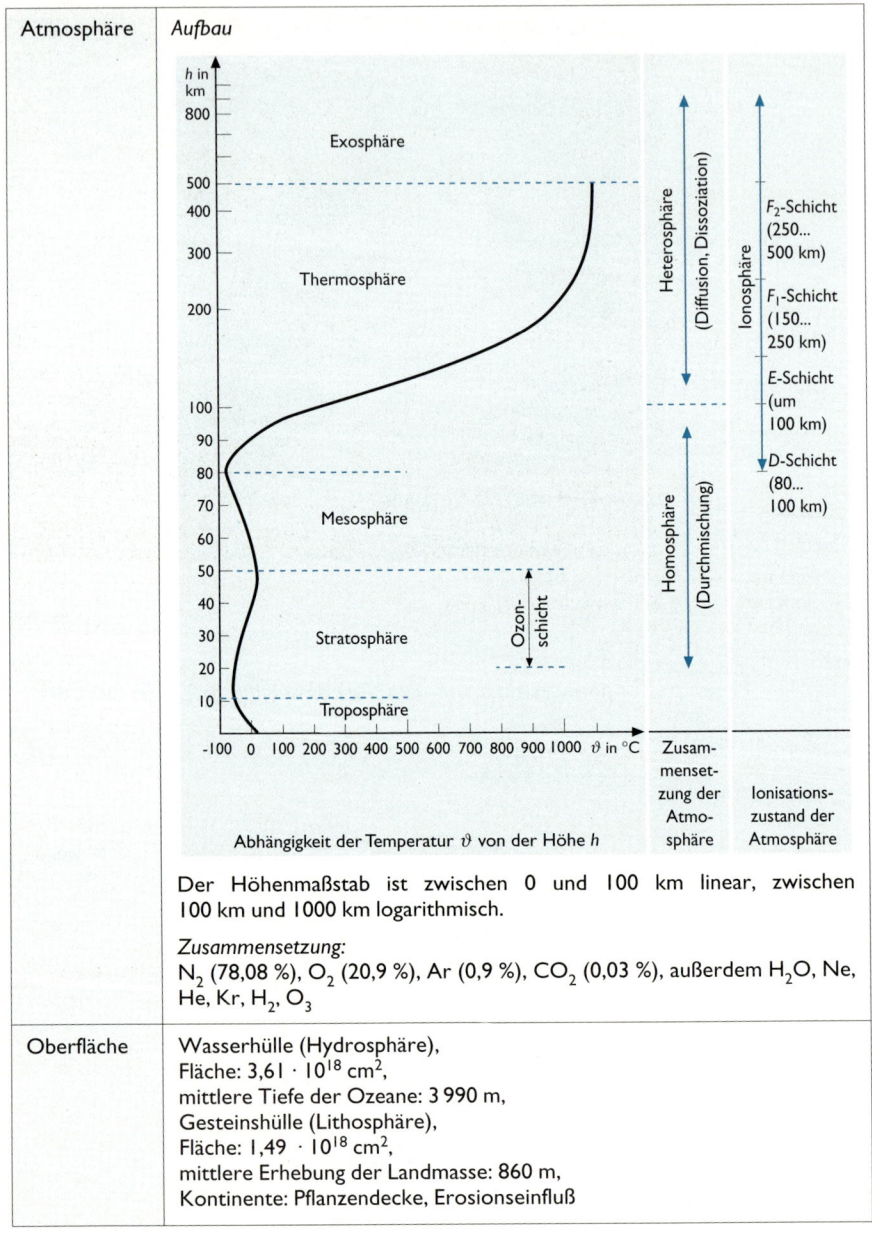 |

Der Höhenmaßstab ist zwischen 0 und 100 km linear, zwischen 100 km und 1000 km logarithmisch.

*Zusammensetzung:*
$N_2$ (78,08 %), $O_2$ (20,9 %), Ar (0,9 %), $CO_2$ (0,03 %), außerdem $H_2O$, Ne, He, Kr, $H_2$, $O_3$

| Oberfläche | Wasserhülle (Hydrosphäre),<br>Fläche: $3,61 \cdot 10^{18}$ cm², <br>mittlere Tiefe der Ozeane: 3 990 m,<br>Gesteinshülle (Lithosphäre),<br>Fläche: $1,49 \cdot 10^{18}$ cm², <br>mittlere Erhebung der Landmasse: 860 m,<br>Kontinente: Pflanzendecke, Erosionseinfluß |
|---|---|

Oberflächengestalt

**3**

| Innerer Aufbau | Schalenaufbau der Erde | | |
|---|---|---|---|
| | Schale | Dichte in g · cm⁻³ | häufige Elemente |

| | Dichte in g · cm⁻³ | häufige Elemente |
|---|---|---|
| Sial — 0 bis 30 / 5 bis 60 — obere Kruste / untere | 2,7 / 3,0 | Silicium Aluminium — Sial |
| 900 bis 1000 — oberer | 3,4 bis 4,5 | Silicium Magnesium — Sima |
| Sima — Mantel | 4,5 bis 5,5 | Magnesium Eisen |
| 2 700 bis 2 900 — unterer | 9,5 bis 12,0 | |
| — äußerer | | Nickel Eisen — Nife |
| Nife — 5 000 bis 5 100 — Kern / innerer | | |
| | 12,0 bis 16,0 | |
| 6 370 km | Gesamterde 5,52 | |

67

| Druck- und Temperaturverlauf im Erdinnern | | |
|---|---|---|
| km-Bereiche | Temperatur | Druck |
| 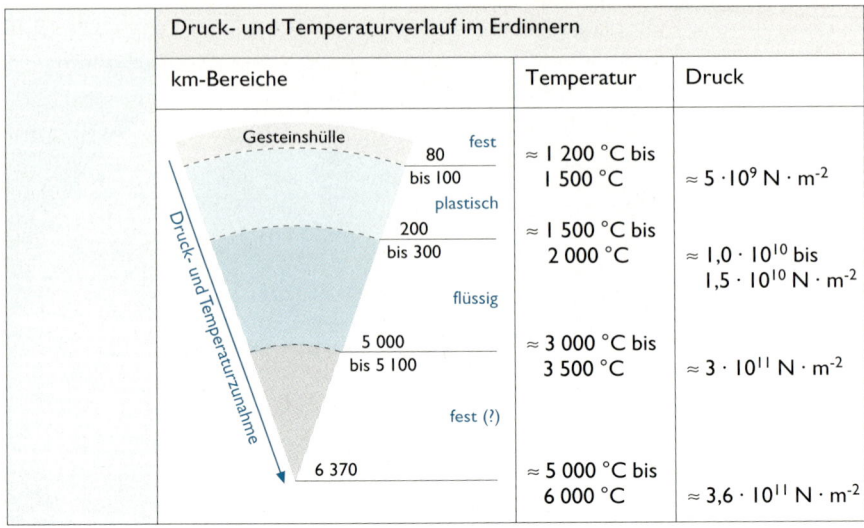 80 fest<br>bis 100 | $\approx$ 1 200 °C bis<br>1 500 °C | $\approx 5 \cdot 10^9$ N $\cdot$ m$^{-2}$ |
| plastisch<br>200<br>bis 300 | $\approx$ 1 500 °C bis<br>2 000 °C | $\approx 1{,}0 \cdot 10^{10}$ bis<br>1,5 $\cdot 10^{10}$ N $\cdot$ m$^{-2}$ |
| flüssig<br>5 000<br>bis 5 100 | $\approx$ 3 000 °C bis<br>3 500 °C | $\approx 3 \cdot 10^{11}$ N $\cdot$ m$^{-2}$ |
| fest (?)<br>6 370 | $\approx$ 5 000 °C bis<br>6 000 °C | $\approx 3{,}6 \cdot 10^{11}$ N $\cdot$ m$^{-2}$ |

**3**

## Mars

Der Planet ist eine Steinwüste.

Mars
(MARINER 9)

| Wichtige Daten | |
|---|---|
| Atmosphäre | Zusammensetzung: $CO_2$ (95,3 %), $N_2$ (2,7 %), Ar (1,6 %), $O_2$ (0,13 %), $H_2O$ (0,03 %), äußerst geringe Dichte, wenige, sehr dünne und hochliegende Wolken, starke Zirkulation, Windgeschwindigkeiten bis 180 km/h, Temperatur in bodennaher Atmosphäre 280 bis 180 K, Atmosphärendruck an Marsoberfläche: 6,1 $\cdot 10^2$ Pa |

| | |
|---|---|
| Oberfläche | Hochebenen, verwitterte Krater, hohe erloschene Schildvulkane, tiefe Cañon-Systeme (6 km tief, zwischen 100 und 200 km breit und bis etwa 4 000 km lang) |

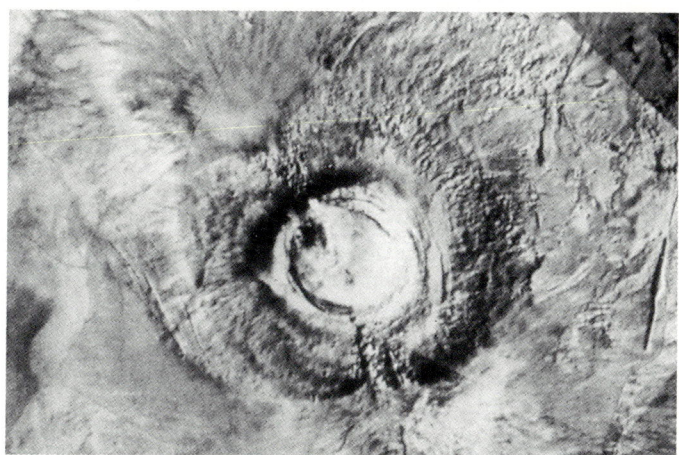

Schildvulkan *Olympus Mons*, Erhebung 27 000 m über seiner Umgebung, höchster Berg im Sonnensystem, Basisdurchmesser etwa 700 km

Polkappen aus Wassereis, starke Bodenerosion (Staubstürme), Basaltblök-ke, Sanddünen, Staubkörner mit hohem Fe-Gehalt (rund 16 %), deshalb rot-braune Färbung des Marsbodens, Permafrostboden; ausgetrocknete Fluß-täler, Wasser in flüssiger Form nicht vorhanden

Marsoberfläche um die Landestelle von Viking 1

| | |
|---|---|
| Innerer Aufbau | kleiner schwerer Metallkern (5 % bis 10 % der Planetenmasse), geringes Magnetfeld, schwacher Strahlungsgürtel |

**3**

**69**

## Merkmale jupiterartiger Planeten

| | |
|---|---|
| Sonnenabstand | 5,20 AE bis 30,06 AE |
| Masse | 14,52 Erdmassen bis 317,82 Erdmassen |
| Radius | 24 300 km bis 71 398 km |
| Mittlere Dichte | 0,7 g · cm$^{-3}$ bis 1,7 g · cm$^{-3}$ |
| Rotation | 9 h 50 min bis 18 h 12 min |
| Abplattung | 1/50 bis 1/10 |
| Atmosphäre | Zusammensetzung: H, He, NH$_3$, CH$_4$, große Ausdehnung, dicke Wolkenschicht |
| Innerer Aufbau | vor allem H und He in metallischer Form, fester Kern |
| Ringe | Ringsysteme aus Staub und Eis |
| Monde | meist Satellitensysteme |

**3**

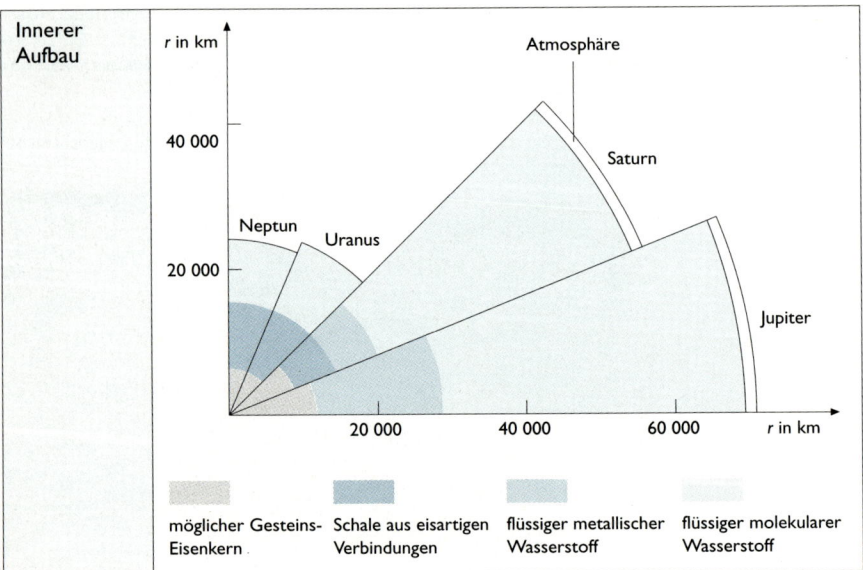

**Jupiter**

Größter Planet des Sonnensystems mit einem Durchmesser, der 11mal so groß wie der Erddurchmesser ist.

3

Jupiters
turbulente
Atmosphäre

| Wichtige Daten | |
|---|---|
| Magneto-<br>sphäre | räumliche Ausdehnung von etwa 50 (Tagseite) bis 150 (Nachtseite) Jupiter-<br>radien, Magnetfeldstärke 12mal größer als irdische am Äquator, 10 000mal<br>intensiverer Strahlungsgürtel als in irdischer Magnetosphäre |
| Atmosphäre | Zusammensetzung: H (ca. 79 %), He (ca. 19 %), geringe Mengen von $CH_4$<br>und $NH_3$ (noch existierende Uratmosphäre), hohe Dichte, rund 45 000 km<br>hoch, dunkle und helle Wolkenbänder aus $NH_3$, $NH_4SH$, $H_2O$, starke Zir-<br>kulation mit Windgeschwindigkeiten bis zu über 540 km/h, riesige Wirbel-<br>sturmgebiete<br><br>Großer Roter Fleck: gewaltige stabile Antizyklone, gegenwärtige Ausdeh-<br>nung 20 000 km Länge, 10 000 km Breite |

71

| Oberfläche | Temperatur- und Druckverhältnisse lassen flüssiges H (bis zum Kern) erwarten („Wasserstoffozean") |
|---|---|
| Innerer Aufbau | Außenbezirke (über 50 000 km Zentrumsentfernung) bei $T$ von ca. 2 000 K molekularer H, Innenbezirke (unter 50 000 km Zentrumsentfernung) bei $T$ von ca. 10 000 K, Druck etwa $3 \cdot 10^{11}$ Pa, H in metallischer Form Kern vermutlich schwere Elemente wie Si und Fe, $T$ ca. 25 000 K, Druck etwa $8 \cdot 10^{12}$ Pa, Wärmeabstrahlung etwa doppelt so hoch wie Wärmezufuhr durch Sonne, vermutlich Reststrahlung aus Entstehungszeit des Jupiters starkes Magnetfeld, Magnetfeldstärke an Wolkenoberschicht: 4,3 Gauß |
| Ringe | Ringsystem mit einem dünnen Ring (ca. 6 000 km breit und unter 30 km dick) sowie einem ausgeprägten Halo |

**3**

## Saturn

Schönster Ringplanet des Sonnensystems. Saturns chemische Zusammensetzung und physikalischer Aufbau ähneln denen des Jupiter.

| Wichtige Daten | |
|---|---|
| Atmosphäre | Zusammensetzung: H (etwas 96 %), He (rund 6 %) |
| Innerer Aufbau | erdgroßer Gesteinskern mit hohem Fe-Gehalt und dreifacher Erdmasse, $T$ etwa 21 000 K, Druck etwa $5 \cdot 10^{12}$ Pa, starkes Magnetfeld, Magnetfeldstärke an Wolkenoberschicht 0,2 Gauß |
| Ringe | ausgeprägtes Ringsystem mit tausenden von Einzelringen unterschiedlicher Größe und Dichte Herkunft: vermutlich Restprodukt der Saturnentstehung, vielleicht auch Material ehemaliger, durch Gezeitenkräfte zerstörter Saturnmonde oder Kollisionssplit äußerer Saturnmonde |

Ringsystem des Saturn. Gesamtdurchmesser etwa 278 000 km,
rund 300 bis 500 m dick
Bestandteile: Gestein und Staub mit Eiskruste

**3**

## Uranus

Seine Rotationsachse liegt fast in der Bahnebene (um 98° gegen den Pol geneigt).
Uranus rotiert retograd, d. h. gegen seine Umlaufbahnrichtung.

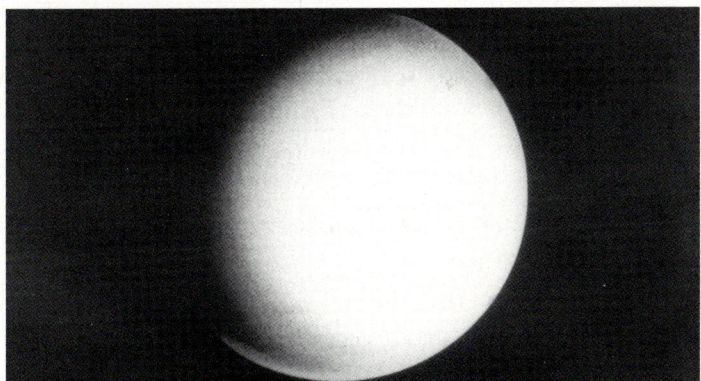

Uranus

| Wichtige Daten | |
|---|---|
| Atmosphäre | Zusammensetzung: H, He, relativ starker $CH_4$-Anteil (etwa 3 %), Wolken aus $CH_4$ |
| Innerer Aufbau | Metallsilicatkern mit mächtigem Eismantel aus $H_2O$, $NH_3$, $CH_4$ Kerntemperatur etwa 10 000 K, Druck etwa $8 \cdot 10^{11}$ Pa |
| Ringe | Ringsystem mit mehr als 60 Einzelringen, meist sehr dünn, weniger als 10 km breit, scharfe Ringränder |

## Neptun

Aufgrund von Bahnstörungen des Uranus wurde die Position des Planeten berechnet, die zu seiner Entdeckung führte.

Neptun
mit Großem
Blauen Fleck

| Wichtige Daten | |
|---|---|
| Atmosphäre | Großer Blauer oder Dunkler Fleck, ähnlich stabiler atmosphärischer Wirbel wie auf Jupiter, Windgeschwindigkeiten bis 600 km/h<br>$T$ an Wolkenobergrenze 55 K (Uranus 57 K), innere Wärmequelle nicht ausgeschlossen |
| Innerer Aufbau | mächtiger Fe-Si-Kern (vermutlich 70 % der Planetenmasse)<br>Achse des Magnetfeldes um 50 % gegen die Rotationsachse geneigt |
| Ringe | bisher drei Ringe bekannt, schwarz wie Ruß, wahrscheinlich $NH_3$-Eis |

## Pluto

Sonnenfernster bekannter Planet, der etwa doppelt so groß ist wie der größte Planetoid *Ceres*. Bisher läßt sich Pluto weder den jupiterartigen noch den erdartigen Planeten zuordnen. Seine Bahn kreuzt die Neptunbahn. Deshalb steht Pluto der Sonne zeitweise näher als Neptun (z. B. in den Jahren 1989 bis 2004).
Bei seinem größten Sonnenabstand erhält Pluto 2 430mal weniger Sonnenlicht als die Erde. Trotzdem wird er 164mal stärker beleuchtet als die Erde durch den Vollmond.
Deutung einiger Beobachtungsdaten:
- vermutlich eine sehr dünne Atmosphäre, die mindestens bis in 3 200 km Höhe über die Plutooberfläche reicht, $NH_3$ als Gas in der Atmosphäre oder als Eis auf der Oberfläche
- wahrscheinlich helle Polkappen und dunkle Äquatorgebiete
- Annahme eines mächtigen Gesteinskerns (etwa 80 % der Planetenmasse), umgeben von einem Eismantel aus $NH_3$

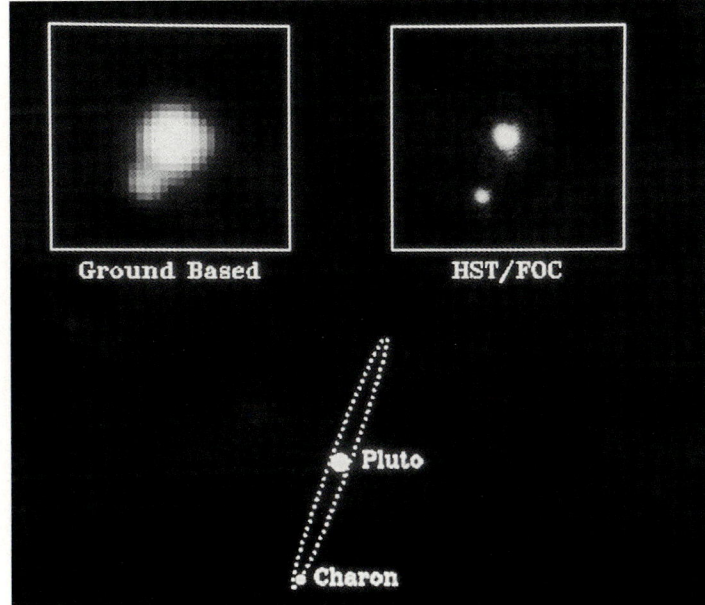

Ground Based  HST/FOC

**3**

Pluto mit
seinem Mond
Charon
(Hubble-Space-
Telescope)

## MOND

### Monde (natürliche Satelliten)

In der Mehrzahl kugelförmige Himmelskörper, die sich durch die Gravitationskraft der Planeten und größerer Planetoiden meist rechtläufig (im Rotationssinn der Planeten) um sie bewegen und einen Teil des Sonnenlichtes reflektieren. Bisher sind im Sonnensystem 62 Monde bekannt (1994), wobei unser Mond einer der größten Satelliten ist, dessen Oberflächenstrukturen von der Erde aus direkt beobachtbar sind.

| Wichtige Daten des Mondes | |
|---|---|
| Entfernung von der Erde | |
| mittlere | 384 403 km |
| größte (Apogäum) | 406 740 km |
| kleinste (Perigäum) | 356 410 km |
| Bahnexzentrizität | 0,0549 |
| Bahnneigung gegen Ekliptik | 5° 9' |
| Umlaufzeit um die Erde | |
| siderische | 27,32 d |
| synodische | 29,53 d |
| mittlere tägliche siderische Bewegung | 13,18° |

| Wichtige Daten des Mondes (Fortsetzung) | |
| --- | --- |
| mittlere Bahngeschwindigkeit | 1,02 km/s |
| Radius<br>    mittlerer scheinbarer<br>    wahrer | 15' 33"<br>1 738 km = 0,27 ($\approx$ 1/4) des Erdradius |
| Masse | $7{,}350 \cdot 10^{22}$ kg $= \dfrac{1}{81}$ der Erdmasse |
| Volumen | $2{,}192 \cdot 10^{25}$ cm$^3$ |
| mittlere Dichte | 3,34 g/cm$^3$ = 0,60 der mittleren Erddichte |
| Schwerebeschleunigung an der Oberfläche | 1,62 m/s$^2$ = 16,6 % des irdischen Wertes |
| Fluchtgeschwindigkeit an der Oberfläche | 2,38 km/s |
| Helligkeit (Vollmond) | $-12{,}7^m$ |
| mittlere Albedo | 0,07 |
| Oberflächentemperatur<br>    Tagseite<br>    Nachtseite | <br>etwa 400 K<br>etwa 130 K |

## Bewegungen des Mondes

Bewegt sich auf elliptischer Bahn mit geringer Exzentrizität um die Erde. Die Mond-
bahnebene ist gegenüber der Erdbahnebene um 5° 9' geneigt.

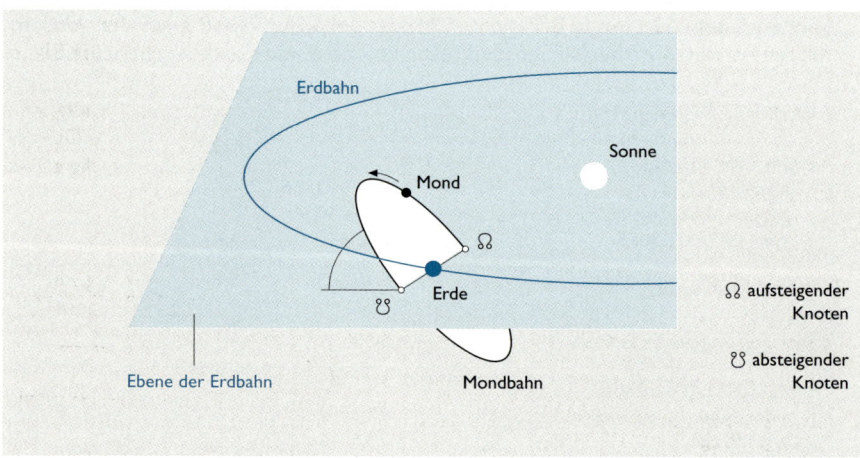

Mondbahn und Erdbahn

Für einen Beobachter auf dem 50. nördlichen Breitenkreis hat deshalb der Mond eine maximale Höhe (Kulminationshöhe) von etwa 69° (Sonne 64°) und eine minimale Höhe von etwa 12° (Sonne etwa 17°) über dem Horizont.

Die beiden Schnittpunkte der Erdbahnebene mit der Mondbahn nennt man auf- und absteigenden Knoten. Die Verbindungslinie zwischen den beiden Knoten heißt Knotenlinie.

**Siderische Umlaufzeit** (siderischer Monat). Zeitspanne zwischen zwei aufeinanderfolgenden Durchgängen des Mondes durch den Stundenkreis eines Sterns. Sie beträgt 27,32 Tage.

**Synodische Umlaufzeit** (synodischer Monat). Zeitspanne zwischen zwei aufeinanderfolgenden gleichen Mondphasen (z. B. Vollmondphasen). Sie beträgt 29,53 Tage, weil der Umlauf des Mondes von der Bewegung der Erde um die Sonne überlagert wird. Der aus der Umlaufzeit des Mondes abgeleitete Monat ist eine wichtige Zeiteinheit in der Kalendertheorie.

**3**

| Bewegungen des Mondes für den Erdbeobachter | |
|---|---|
| Widerspiegelung der Erdrotation | Widerspiegelung der Mondbewegung um die Erde |
| Teilnahme des Mondes an der täglichen scheinbaren Bewegung der Himmelskugel von Ost über Süd nach West | tägliche Bewegung des Mondes an der Himmelskugel im Mittel um 13,5° von West über Süd nach Ost |

Durch die entgegengesetzten Bewegungsabläufe geht der Mond von Tag zu Tag etwa 50 min später auf.
↗ Tägliche Bewegung der Gestirne, S. 29

### Gebundene Rotation
Es ist die Zeitdauer der Drehung des Mondes um seine Achse, die seiner Umlaufzeit um die Erde entspricht. Deshalb ist für einen Erdbeobachter stets dieselbe Seite des Mondes sichtbar.

Infolge der gebundenen Rotation und der gleichmäßigen Bahngeschwindigkeit des Mondes sieht man von der Erde aus insgesamt 59 % der Mondoberfläche. Durch den Einsatz von Raumsonden sind auch die Oberflächenstrukturen des ständig erdabgewandten Teils des Mondes bekannt.

### Mondphasen
Lichtgestalten des Mondes als Folge der periodischen Ortsveränderung, die er bei seiner Bewegung um die Erde relativ zur Sonne und Erde einnimmt. Dadurch wird die der Erde zugewandte Seite des Mondes unterschiedlich beleuchtet.

**Mondalter.** Zeit, die seit dem letzten Neumond vergangen ist.

**Aschgraues Licht.** Ein schwaches, aschgraues Licht (Erdlicht), in dem als Folge des von der Erde reflektierten Sonnenlichtes die Nachtseite des Mondes wenige Tage nach oder vor Neumond erscheint.

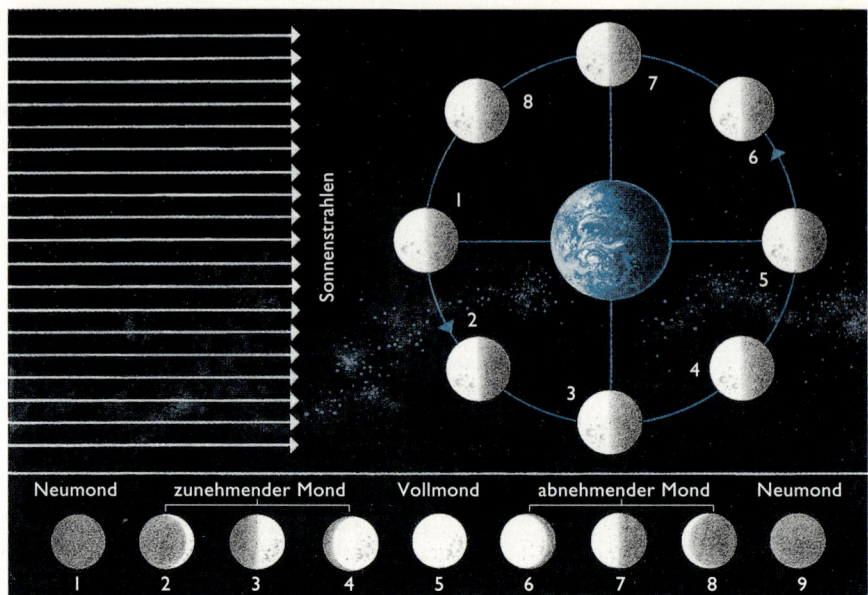

Entstehung der Mondphasen (Schema).
oben: Entstehung der Mondphasen; unten: Phasen des Mondes für einen Erdbeobachter

## Finsternisse

Schattenwirkungen der Erde und des Mondes. Sie entstehen, wenn sich der Mond in Syzygienstellung (Voll- bzw. Neumondphase) befindet und gleichzeitig in der Nähe eines seiner Knoten steht.
↗ Bewegungen des Mondes, S. 76

**Sonnenfinsternisse.** Sie entstehen, wenn die Erde bei Neumond den Mondschatten durchläuft.

Bei einer *totalen Sonnenfinsternis* erscheint für einen Erdbeobachter die gesamte Sonne durch den Mond verdeckt. Da der die Erdoberfläche bedeckende Teil des Kernschattens maximal nur 273 km breit ist und mit einer Geschwindigkeit im Mittel von 35 km/min von West nach Ost über die Erdoberfläche wandert, ist eine totale Sonnenfinsternis nur in einem sehr kleinen Gebiet der Erde für kurze Zeit (maximal 7,6 min) sichtbar.

Ist zur Zeit der Finsternis der Mond in Erdferne, kann der Kernschattenkegel des Mondes die Erdoberfläche nicht erreichen. Sein scheinbarer Durchmesser ist kleiner als der der Sonne. Für den Erdbeobachter entsteht eine *ringförmige Sonnenfinsternis.*

Bei einer *partiellen Sonnenfinsternis* erscheint für einen Erdbeobachter nur ein Teil der Sonne vom Mond verdeckt. Da der Halbschatten zu beiden Seiten der Totalitätszone entsteht, ist sie meist in einem relativ großen Gebiet sichtbar.

Jährlich finden in der Regel zwei bis drei Sonnenfinsternisse statt. In Ausnahmen ereignen sich in einem Jahr auch fünf Sonnenfinsternisse (z. B. im Jahre 2206).

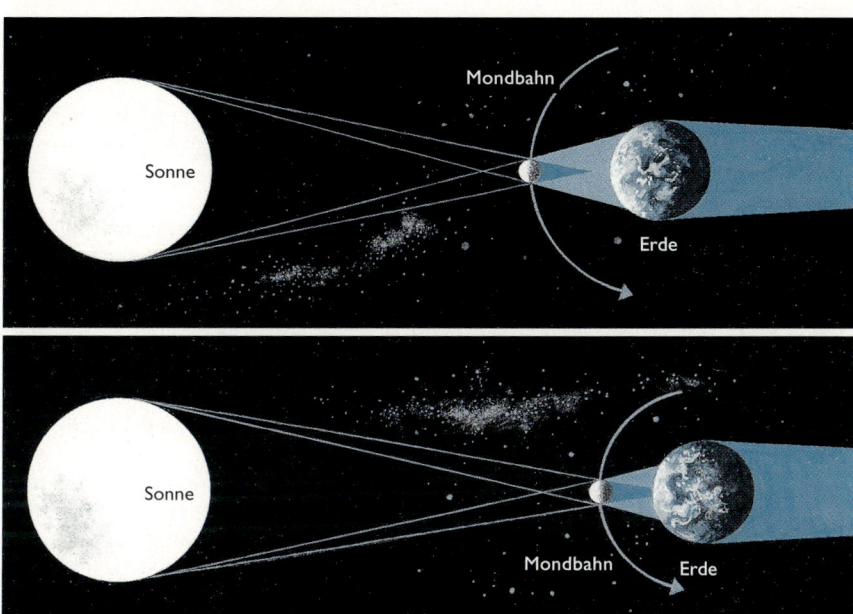

**3**

Sonnenfinsternisse. oben: ringförmige Sonnenfinsternis; unten: totale Sonnenfinsternis

**Mondfinsternisse.** Sie entstehen, wenn der Mond durch den Erdschatten läuft. Solche Finsternisse sind auf der ganzen Nachthälfte der Erde sichtbar. Ihre Gesamtdauer beträgt bis zu 3,5 h. Der Kernschatten der Erde ist aufgehellt und zeigt eine rötlich-braune Färbung. Sie entsteht, weil das langwellige rote Sonnenlicht im Kernschattenraum gebrochen und das kurzwellige blaue Licht gestreut oder absorbiert wird. Befindet sich der Mond in einer größeren Entfernung zu seinen Knoten, wird nicht der gesamte Vollmond vom Erdschatten erfaßt. Es entsteht eine partielle Mondfinsternis. Jährlich finden etwa zwei Mondfinsternisse statt.

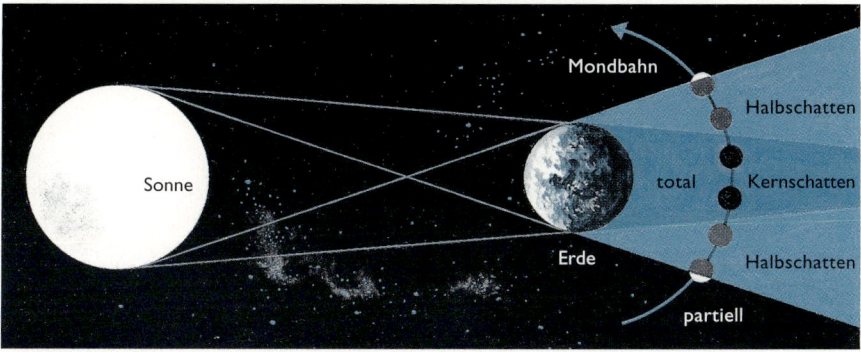

Mondfinsternis

**Saroszyklus.** Die relative Stellung von Sonne, Erde und Mond zueinander wiederholt sich nach 18 Jahren und 10,5 bzw. 11,33 Tagen (je nach Anzahl der Schaltjahre) fast exakt.

Folglich wiederholen sich solche Finsternisse im gleichen Zyklus, was bereits den Babyloniern bekannt war.

## Gezeiten

Aufgrund seiner großen Erdnähe kommt es durch die Gravitationswirkungen des Mondes (und im kleineren Ausmaß auch durch die der Sonne) zu gesetzmäßig periodischen Schwankungen der irdischen Hydrosphäre (und im geringeren Maße auch der Atmosphäre und Erdkruste).

Durch die Gravitationskräfte des Mondes entstehen die Gezeiten des Meeres. Innerhalb von 12 h und 25 min findet ein sich wiederholender Wechsel zwischen Steigen (Flut) und Fallen (Ebbe) des Wasserspiegels der Ozeane statt.

Die Zeit von 12 h 25 min wird eine *Tide* genannt. Höchsten und niedrigsten Wasserstand bezeichnet man als Hoch- und Niedrigwasser.

Ursache für die Entstehung der Gezeiten sind Anziehungs- und Fliehkräfte von Erde und Mond, die sich um einen gemeinsamen Schwerpunkt bewegen, der noch innerhalb des Erdkörpers liegt. Durch diesen Vorgang wird eine Fliehkraft erzeugt, welche die Anziehungskraft überlagert. Sie ist auf der mondzugewandten Seite größer als auf der mondabgewandten Seite. Dadurch entstehen zwei Flutberge, unter denen sich täglich die rotierende Erde bewegt. Bei Voll- und Neumond bewirkt die zusätzliche Anziehungskraft der Sonne eine *Springflut*.

Im ersten und letzten Mondviertel schwächt die Anziehungskraft der Sonne die Gezeiten (Nippflut).

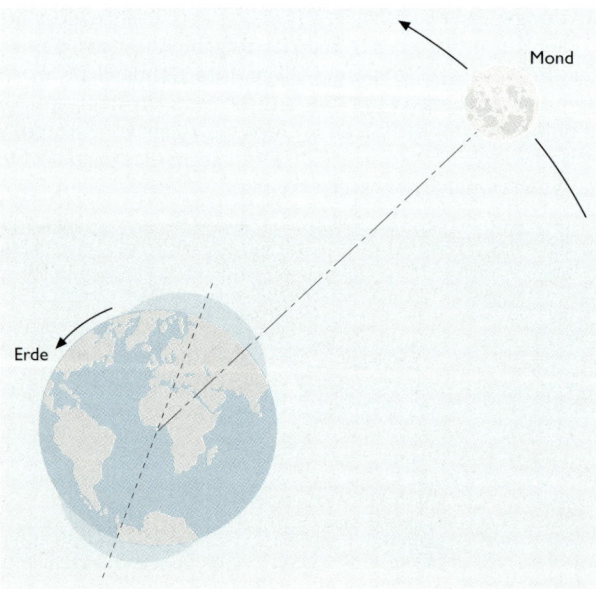

Wirkung der Gezeiten-
reibung

## Physikalische Eigenschaften des Mondes

Sie sind wegen der kleinen Masse des Mondes wesentlich anders als auf der Erde.

| Was es auf dem Mond nicht gibt | - Atmosphäre<br>- Streulicht<br>- Wasser<br>- Wettererscheinungen<br>- Verwitterung durch Wasser und Wind<br>- Sedimentation<br>- Schall |
|---|---|

## Oberflächengestalt des Mondes

Da der Mond keine Atmosphäre besitzt und der nächste Himmelskörper ist, sind bereits mit bloßem Auge helle und dunkle Gebiete auf der Mondoberfläche sichtbar. Im Fernrohr zeigen sich die hellen Flächen als Gebirge und die dunklen Gebiete als ausgedehnte Ebenen.

**3**

Apollo 16-Astronaut Duke sammelt Mondgestein

■ Mit großen Fernrohren können noch Einzelheiten mit einer Ausdehnung von 100 m bis 200 m beobachtet werden.
Raumflugkörper fotografierten die Mondrückseite und beförderten Mondgestein zur Erde.
Durch die Landung von Astronauten auf dem Mond konnten erstmals begrenzte Gebiete des benachbarten Himmelskörpers von Menschen direkt untersucht werden.

81

## Oberflächenformen des Mondes

| Form | Merkmale |
| --- | --- |
| Grobstruktur | |
| Mondmeere, Mareflächen, Maria (lat. Meere) | Große Ebenen nehmen etwa 3/10 der Vorderseite und 1/10 der Rückseite der Mondoberfläche ein. |
| Terraflächen | Zerklüftete Gebiete bedecken 7/10 der Vorderseite und 9/10 der Rückseite des Mondes. |
| Kettengebirge | Gebirgszüge, ähnlich irdischen Kettengebirgen, am Rande der Maria (Höhen bis 6 000 m über dem mittleren Mondniveau) |
| Krater (verbreitete Erscheinungsform auf der Oberfläche, besonders in Terra-Gebieten) Auf der Vorderseite des Mondes befinden sich etwa 300 000 Krater. | kreisförmige Mulden unterschiedlicher Größe mit oft sehr ebenem Boden, der tiefer liegt als bei benachbarten Gebieten, umgeben vom Ringwall, manchmal in der Mitte ein Zentralberg |

| Form | Merkmale |
|------|----------|
| **Grobstruktur** | |
| Ringgebirge | Großkrater mit Wallebenen (mehrere Kilometer hoch und einem Durchmesser bis zu 200 km) |
| Strahlensysteme | radiale, gerade oder gekrümmte helle Strahlen, die geringen Schatten zeigen und Maria und Hochflächen durchlaufen, größte Ausdehnung beträgt etwa 1800 km |
| Rillen | grabenartige Gebilde in den Maria und an ihren Rändern (bis zu 10 km breit, über 100 m tief und mehr als 100 km lang) |
| **Feinstruktur** | |
| Mondboden | Trümmerschicht (Regolith), etwa 6 bis 12 m dick, bestehend aus<br>- fein- und grobkörnigen Brocken,<br>- Staub,<br>- Breccien (in Hochländern durch Temperatureinwirkung verfestigtes Gesteins-, Mineral- und Glasbruchmaterial aus Feldspat und Anorith)<br>- Glaspartikeln (Glaskügelchen, Kondensationsprodukte verdampfter Gesteine)<br>Basalte in den durch erstarrte Lavamassen bedeckten Ebenen |
| Mondgestein | <br>Gesteinsprobe, die von Astronauten zur Erde gebracht wurde |

3

**3**

Vorderseite des Mondes    Rückseite des Mondes

**Die Entstehung der Oberflächenformen.** Exogene Kräfte (Meteoriteneinschlä-ge) und endogene Vorgänge (Vulkanismus) formten die Mondoberfläche. Maria und Krater entstanden sicher in der Frühzeit des Mondes durch Aufschlag von riesigen Massen hoher Dichte. Später wurden die Maria mit basaltischer Lava, welche mögli-cherweise als Folge von Schmelzprozessen aus dem Mondinnern emporquoll, gefüllt. Die Anhäufung von dichteren Gesteinen in den Mareflächen führte zu Massenkon-zentrationen (Mascons), die als ortsbegrenzte Schwereanomalien in Erscheinung tre-ten. Außer Gasausbrüchen gibt es wahrscheinlich gegenwärtig auf dem Mond keine vulkanische Tätigkeit mehr. Die in der Frühzeit des Mondes gebildete Oberfläche wurde vermutlich von Mikrometeoriten, kosmischer Strahlung und Sonnenwind in Regolith umgewandelt.

↗ Moderne kosmogonische Vorstellungen, S. 97

### Innerer Aufbau des Mondes

Erdähnlicher, schalenförmiger Aufbau. Er besteht vor allem aus einer starren Gesteinshülle (Lithosphäre).
Wahrscheinlich entstand in der Frühzeit auch ein metallischer Kern im Zentrum des Mondes.

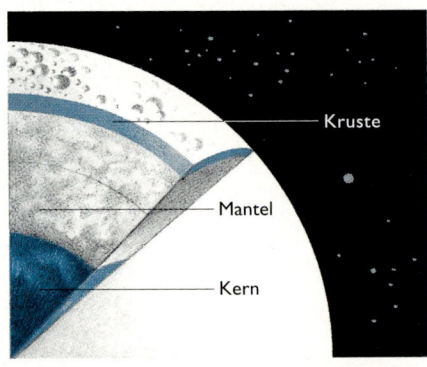

Kruste

Mantel

Kern

Innerer Aufbau des Mondes

**Mondbeben.** Schwingungen des Mondkörpers, die durch den Einschlag von Meteo-riten und durch endogene Vorgänge ausgelöst werden. Im Gegensatz zu Erdbeben dauern Mondbeben oft über Stunden.

84

## MONDE (SATELLITEN) BEI ANDEREN PLANETEN

Außer bei Merkur und Venus bewegen sich um alle Planeten des Sonnensystems Monde.
↗ Monde, S. 75

### Marsmonde

| Monde des Mars | | | |
|---|---|---|---|
| Name | mittlerer Abstand vom Planeten in $10^3$ km | Umlaufzeit in d | Abmessungen in km |
| Phobos | 9,4 | 0,32 | 27 x 21 x 18 |
| Deimos | 23,5 | 1,26 | 15 x 12 x 10 |

**3**

Irreguläre kraterreiche - zum Teil relativ große Krater - aus dunkelgrauem Gestein bestehende Himmelskörper. Ihre Oberflächen sind mit Regolith bedeckt. Phobos ist mit einer dunklen Staubschicht belegt und besitzt lange dunkle Furchen.

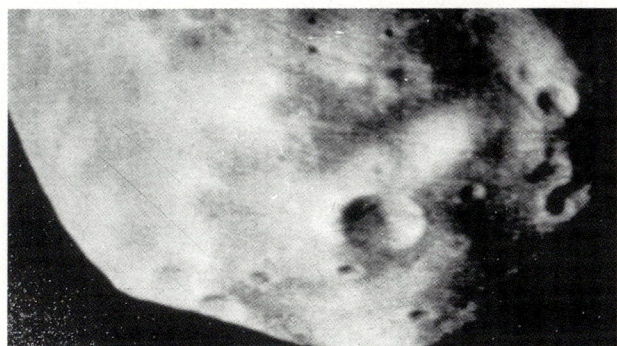

- Die beiden großen Krater auf Phobos haben Durchmesser von 12 km (Stickney) und 5 km (Hall).

Phobos

### Monde der jupiterartigen Planeten
Bisher sind mehr als 55 Monde bekannt, die sich um Jupiter, Saturn, Uranus und Neptun bewegen. Die meisten wurden mittels Raumsonden entdeckt.

| Name des Planeten | Anzahl der Monde |
|---|---|
| Jupiter | mindestens 16 |
| Saturn | mindestens 17 (eventuell aber 23) |
| Uranus | mindestens 15 |
| Neptun | mindestens 8 (6 Zwergmonde) |

Monde mit großen Radien entstanden sicherlich gleichzeitig mit den jeweiligen Planeten und bilden mit ihnen ein geordnetes System. Monde mit kleinen Radien sind wahrscheinlich ehemalige planetare Kleinkörper, die durch Gravitationswirkungen der Planeten eingefangen wurden. Sie haben teilweise irreguläre Formen.

## Jupitermonde

Jupiter besitzt ein Satellitensystem. Von den 16 bekannten Jupitermonden sind Io, Europa, Ganymed und Callisto die größten Monde des Riesenplaneten. Sie wurden bereits von Galilei um 1600 entdeckt und werden deshalb auch als „Galileische Monde" bezeichnet.

Die „Galileischen Monde" Io, Europa, Ganymed und Callisto

| Größen der „Galileischen Monde" des Jupiter | | | | | |
|---|---|---|---|---|---|
| Name | Abstand von Jupiter in $10^3$ km | Umlaufzeit in d | Durch-messer in km | Masse in Mond-massen | mittlere Dichte in Dichte des Wassers |
| Io | 421,6 | 1,77 | 3 632 | 1,21 | 3,53 |
| Europa | 670,9 | 3,55 | 3 126 | 0,66 | 3,03 |
| Ganymed | 1 070 | 7,16 | 5 276 | 2,03 | 1,93 |
| Callisto | 1 883 | 16,69 | 4 820 | 1,45 | 1,81 |

## Physikalische Merkmale der „Galileischen Monde"

**Io.** Dünne Atmosphäre. Ständige vulkanische Tätigkeit (1979 wurden 6 bis 8 aktive Vulkane beobachtet). Lavaströme mit Längen von über 100 km, vermutlich nur Schwefelablagerungen.

**Europa.** Dünner Mantel aus Wassereis (möglicherweise 100 km dick) über einen Silicatkern. Keine Niveauunterschiede, ideale Kugelform. Oberfläche zeigt ein Netz linearer Gebilde (Furchensystem).

**Ganymed.** Oberfläche teils kraterarm und teils kraterreich. Darüber Eismantel aus Wassereis.
Zahlreiche parallele Furchen, 300 bis 400 m tief und 100 bis 200 km breit.

**Callisto.** Schlammkruste aus silicatischem Meteoritenmaterial. Vielzahl von Einschlagkratern.

## Saturnmonde

Bei Saturn sind 17 Monde bekannt, wahrscheinlich besitzt er aber 23 Monde.

| Größen und Merkmale einiger Saturnmonde | | | | |
|---|---|---|---|---|
| Name | Entfernung vom Planeten in $10^3$ km | Umlaufzeit um Saturn in d | Durchmesser in km | physikalische Merkmale |
| Titan | 1 221,8 | 15,95 | 5150 | Wolkenreiche, dichte Atmosphäre aus $N_2$ (85 %), Ar (12 %), $CH_4$ (3 %) Temperatur an Oberfläche etwa 90 K (Ozean aus flüssigem $CH_4$) |
| Mimas | 185,7 | 0,942 | 390 | Krater bis zu 100 km Durchmesser |
| Tethys | 294,0 | 1,888 | 1050 | Einschlagkrater |
| Dione | 377,5 | 2,737 | 1120 | Einschlagkrater |
| Rhea | 527,1 | 4,518 | 1530 | Einschlagkrater |

## Uranusmonde

Nach gegenwärtigen Erkenntnissen besitzt Uranus 15 Monde. Fünf Satelliten haben einen relativ großen Durchmesser (Titania: 1610 km, Oberon: 1550 km, Umbriel: 1190 km, Ariel: 1160 km, Miranda: 484 km).
Die großen Monde sind Eiskörper mit einem Silicat-Kern. Neben $H_2O$-Eis befindet sich auf den Monden vermutlich auch $NH_3$ und $CH_4$-Eis. Diese Satelliten zeigen auch reiche Kraterstrukturen.

87

### Neptunmonde

Bei Neptun sind 8 Monde bekannt. Zwei fand man teleskopisch und 6 durch Raumsonden. Die von Raumsonden entdeckten Monde haben eine irreguläre Form und sind sogenannte Zwergmonde. Ihre Durchmesser liegen zwischen 50 km und 420 km.

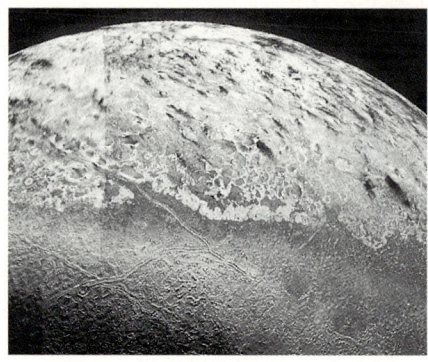

**3**

Neptunmond Triton

Der interessanteste Neptunmond ist Triton mit einem Durchmesser von 2 720 km und einer Dichte von 2,08 g/cm$^3$. Seine Umlaufzeit beträgt 5,9 Tage und sein Bahnradius 354 590 km. Triton besitzt eine $CH_4$- und $NH_3$-Atmosphäre. Die Oberfläche zeigt Gräben, Klippen sowie Erhebungen bis zu 1000 m und ist mit $H_2O$-Eis und vermutlich auch mit einer dünnen Schicht von $CH_4$ und $NH_3$ bedeckt. Raumsonden erspähten auf Triton zwei Geysire, aus denen Fontänen mit N-Gehalt bis zu 8 km Höhe emporschleudern.

### Plutomond

Bei Pluto wurde bisher ein Mond entdeckt, der den Namen Charon trägt. Das Massenverhältnis zwischen Pluto und Charon von 9 : 1 ist einmalig im Sonnensystem. Deshalb werden der Planet und sein Mond auch Pluto-Charon-System genannt.

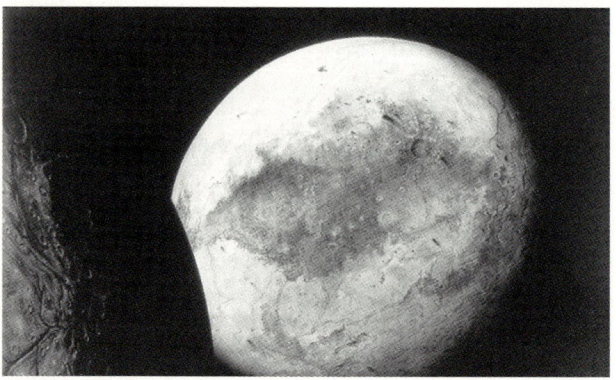

Pluto und sein Mond Charon

| Einige Daten des Mondes Charon | |
| --- | --- |
| Abstand vom Pluto in 10$^3$ km | vermutlich 18 × 2 |
| Umlaufzeit um Pluto in d | 6,38 |
| Durchmesser in km | vermutlich 1 160 × 100 |

## PLANETOIDEN

Kleine Planeten, auch Kleinplaneten oder Asteroiden genannt, von denen nur die größten eine kugelförmige, die meisten aber eine unregelmäßige Gestalt (Ähnlichkeit mit Felsblöcken) haben. Sie bewegen sich vor allem in einem Gürtel zwischen der Mars- und Jupiterbahn um die Sonne.

### Größe, Anzahl, Masse

Die Durchmesser der bekannten Planetoiden liegen zwischen 1 023 km (Ceres) und ca. 200 m (6344 P-L). Schätzungsweise existieren etwa 1 Million Planetoiden mit einem Durchmesser unter 60 km. Die Gesamtmasse der Planetoiden beträgt ungefähr $4 \cdot 20^{24}$ g (5 % der Mondmasse). Bis heute sind etwa 3 500 Planetoiden registriert.

| Die größten Planetoiden | | | | |
|---|---|---|---|---|
| Name | Durchmesser in km | Masse in kg | Dichte in g/cm³ | Rotationsperiode in h |
| Ceres | 1 023 | $1,2 \cdot 10^{21}$ | 2,3 | 9,08 |
| Pallas | 692 | $2,1 \cdot 10^{21}$ | 2,6 | 7,88 |
| Vesta | 579 | $2,7 \cdot 10^{20}$ | 3,3 | 5,30 |

### Verteilung und Bahnen

Planetoiden bewegen sich auf Ellipsenbahnen mit allgemein geringer Exzentrizität um die Sonne. Ihr mittlerer Abstand von der Sonne beträgt etwa 2,9 AE, und die mittleren Umlaufzeiten liegen zwischen 3,2 und 7 Jahren. Die meisten Bahnen der Planetoiden befinden sich zwischen Mars und Jupiter. Es gibt auch Asteroiden, die andere Planetenbahnen - u. a. auch die Erdbahn - kreuzen.

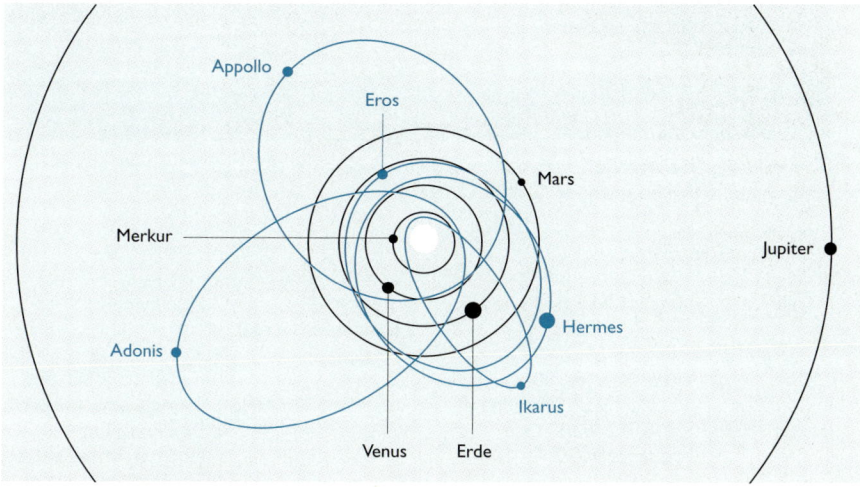

Bahnen einiger Planetoiden

89

## Aufbau

Beobachtete Planetoiden weisen an ihren Oberflächen zahlreiche, vor allem kleine Krater und Rillen auf. Nach ihrer Zusammensetzung unterscheidet man zwischen kohligen, silicatischen und metallischen Planetoiden.

Planetoid „243 Ida". Seine Oberfläche hat zahllose zerfurchte Krater. Es sind noch Einzelheiten bis zu einem Durchmesser von etwa 30 Meter zu erkennen. Der Planetoid hat eine Länge von ca. 52 km. Aufnahme der Raumsonde GALILEO.

**3**

## KOMETEN

### Merkmale

Kometen, auch „Haarsterne" oder „Schweifsterne" genannt, sind kleine Himmelskörper, die aus Gas, Eis und meteoritenähnlichen Teilchen bestehen. In genügend großer Sonnennähe wird die Koma, in deren Zentrum sich der Kometenkern befindet, heller und größer. Bei den meisten Kometen bilden sich dann ein oder manchmal auch mehrere sichtbare Schweife aus. Bisher sind mehr als 700 Kometen bekannt. Jährlich entdeckt man etwa 6 neue Kometen.

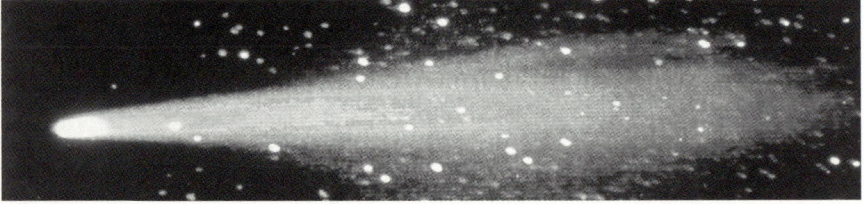

Komet Halley. Kerngröße 15 km x 8 km x 8 km. Gasdichte $10^4 \ldots 10^6$ Moleküle pro $cm^3$. Nahaufnahme der Raumsonde GALILEO.

| Aufbau der Kometen | | | |
|---|---|---|---|
| Teile | Material, Vorgänge | chemische Zusammensetzung | Erscheinungen |
| Kern | Wassereis (ca. 80 %), eingefrorene feste Teilchen mit Staub, dunkle Kruste Masse: etwa $10^{10} \ldots 10^{15}$ t | C, H, O, N und auch C, $CO_2$, $NH_3$, $CH_4$ | punkt- oder scheibenförmige bzw. unregelmäßige Erhellung leuchten im reflektierten Sonnenlicht |

| Aufbau der Kometen | | | |
|---|---|---|---|
| Teile | Material, Vorgänge | chemische Zusammensetzung | Erscheinungen |
| Koma | Gaswolke mit meteoritischen Teilchen, Folge der Entgasung des Kerns bei Annäherung des Kometen an die Sonne Durchmesser: $10^3 ... 10^7$ km | vor allem OH, NH, CN, $C_2$, $CO^+$, $N_2^+$, $CH^+$ | faseriger Nebelfleck, der bei Annäherung des Kometen an die Sonne immer größer und heller wird, reflektiertes Licht der Gas- und Staubteilchen |
| Schweif | vom Sonnenwind und dem Strahlungsdruck der Sonne aus der Korona fortgeblasene Materie | | von der Sonne abgewandte schweifförmige Leuchterscheinung, nicht bei allen Kometen ausgeprägt |

**Gasschweif (Ionenschweif).** Aus der Korona „fortgeblasene" ionisierte Moleküle. Schweif bis $10^8$ km lang und bis $10^6$ km breit.

**Staubschweif.** Aus der Korona mitgerissene feste Teilchen. Der Schweif hat meist eine gekrümmte Form.

## Bahnen

Meist langgestreckte Ellipsen mit großer Exzentrizität. Gravitationsstörungen von sonnennahen Sternen und Planeten können die Bahnen der Kometen verändern. Nach der Zeitdauer des Umlaufs um die Sonne unterscheidet man zwischen langperiodischen (Umlaufzeiten über 200 Jahre) und kurzperiodischen (Umlaufzeiten unter 200 Jahre) Kometen. Die Bahnen der langperiodischen Kometen reichen wahrscheinlich teilweise bis in den interstellaren Raum.

■ Der bekannte Halleysche Komet hat eine Umlaufzeit von 76,08 Jahren. Die bisher kürzeste bekannte Umlaufzeit hat der Komet Encke mit 3,31 Jahren.

Schematischer Aufbau eines Kometen mit Kern, Koma und Schweif.
Der Pfeil gibt die Richtung zur Sonne an.

**Kometenfamilie.** Gesamtheit jener Kometen, deren Bahnen bis an die eines großen Planeten heranreichen. Sie entstehen durch die Bahnstörungen der massereichen Planeten.

■ Jupiterfamilie: etwa 68 Kometen mit Umlaufzeiten zwischen 5 und 11 Jahren

### Auflösung

Bei jeder Annäherung an die Sonne verlieren die Kometen Material. Deshalb sind sie relativ kurzlebige Objekte. Die Lebensdauer eines kurzperiodischen Kometen wird auf einige 100 000 Jahre geschätzt. Kometen lösen sich allmählich in Gas und Staub auf. Sie können in eine Anzahl kleinerer Stücke zerbrechen, oder es bleibt ein kleiner dunkler Körper, ein *Planetoid* zurück.

## 3

## METEORE, METEORITE

### Meteore

Sternschnuppen, die als Leuchterscheinungen zu sehen sind. Sie entstehen, wenn kleine interplanetare Staubteilchen oder kleine Meteoriten meist zwischen 90 und 100 km Höhe durch Reibung mit der Erdatmosphäre verglühen. Meteore, welche heller als die Größenklasse - $4^m$ sind, bezeichnet man als Feuerkugeln (Boliden).
In einer mondlosen klaren Nacht können mit dem bloßen Auge pro Stunde etwa sechs bis acht Meteore beobachtet werden.

Feuerkugel

### Meteorströme

Ausgedehnte Meteoritenschwärme, die sich z. B. entlang der Bahn eines zerfallenen periodischen Kometen bewegen. Wenn die Erdbahn einen Meteorstrom schneidet, nimmt für den Erdbeobachter die Meteorhäufigkeit zu. Die leuchtenden Spuren eines Meteorstromes gehen scheinbar von einem bestimmten Punkt der Himmelskugel, dem Radianten (Ausstrahlungspunkt), aus. Seine Lage wird sowohl durch die Bewegungsrichtung des Meteorstromes als auch durch die Bewegungsrichtung der Erde auf ihrer Bahn bestimmt.
Meteorströme werden oft nach dem lateinischen Namen des Sternbildes bezeichnet, in dem der Radiant liegt.

| Einige bekannte Meteorströme | | | |
|---|---|---|---|
| Name | etwaige Dauer der Sichtbarkeit | Zeit des Maximums | Meteoranzahl je Stunde (visuell) |
| Quadrantiden | 1.1. bis 4.1. | 3.1. | 40 |
| Lyriden | 20.4. bis 23.4. | 21.4. | 8 |
| Perseiden | 29.7. bis 17.8. | 12.8. | 40 |
| Leoniden | 11.11. bis 20.11. | 17.11. | 6 |
| Geminiden | 6.12. bis 16.12. | 12.12. | 60 |

## Meteorite

Kleine feste Körper unterschiedlicher Größe, die sich auf elliptischen Bahnen um die Sonne bewegen. Beim Durchqueren der Erdatmosphäre verdampfen die meisten Meteorite. Größere erreichen die Erdoberfläche. Die Masse eines Meteoriten ist kleiner als die eines Planetoiden, aber größer als die eines Moleküls.

**Herkunft.** Man unterscheidet zwischen kometarischen Meteoriten (Material eines zerfallenen Kometen) und planetarischen Meteoriten (Restprodukte der Kollisionen von Planetoiden).

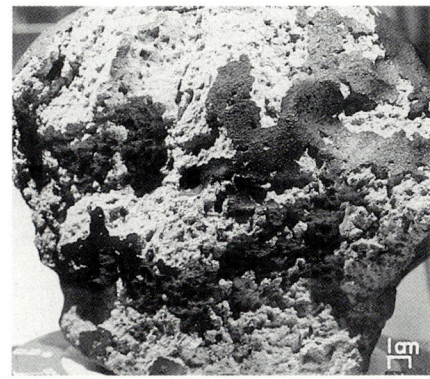

Eisenmeteorit

| Einige Daten der Meteorite und durch sie entstehende Erscheinungen | | | |
|---|---|---|---|
| Erscheinung | Durchmesser in mm | Masse | Gesamtmasse je Tag auf Erdoberfläche in t |
| Feuerkugeln, Meteoritenfälle | > 10 | > 2 g | 1 |
| Sternschnuppen bis 6$^m$ | 1 bis 10 | 2 mg bis 2 g | 5 |
| teleskopische Meteore | 0,1 bis 1 | 0,002 mg bis 2 mg | 20 |
| Mikrometeore | < 0,1 | < 0,002 mg | $10^3$ bis $10^4$ |

Gleichmäßig verteilt auf die gesamte Erdoberfläche ergibt sich je nach Schätzung durch das meteoritische Material je Quadratkilometer ein jährlicher Massenzuwachs von 0,7 kg bis 7 kg.

93

| Arten und chemische Zusammensetzung der Meteorite | | | | | | |
|---|---|---|---|---|---|---|
| Art und Häufigkeit der Funde in %[1] | chemische Zusammensetzung in % der Gesamtmasse | | | | | |
| | Fe | Ni | Si | Mg | O | Co |
| Eisenmeteorite (66) | 90,8 | 8,6 | - | - | - | 0,6 |
| Steinmeteorite (26,5) | 20,5 | 1,1 | 20,6 | 15,8 | 42 | - |
| Stein-Eisen-Meteorite (7,5) | 55,7 | 5,4 | 8,0 | 12,3 | 18,6 | - |

[1] Die Angaben beziehen sich auf die Häufigkeit der Funde. In Wirklichkeit gehen mehr Steinmeteorite (93,5 %) als Eisenmeteorite (5 %) nieder. Jedoch verwittern Steinmeteorite schnell, Eisenmeteorite kaum.

**3**

**Chondrite.** Kleine, etwa 1 mm große Silicatkugeln. Eine Untergruppe bilden die kohligen Chondrite mit erhöhtem C-Gehalt.

**Alter.** Zeit, die seit der Verfestigung des Meteoriten vergangen ist. Das Alter der Steinmeteorite beträgt etwa $4 \cdot 10^9$ Jahre bis $5 \cdot 10^9$ Jahre.

**Bestrahlungsalter.** Zeitraum, in dem der Körper kosmischer Strahlung ausgesetzt ist. Er beträgt bei
- Eisenmeteoriten $10^8$ Jahre bis $10^9$ Jahre,
- Steinmeteoriten $10^6$ Jahre bis $10^8$ Jahre.

↗ Sonnensystem, S. 96; ↗ Altersbestimmung kosmischer Prozesse, S. 161

### Meteoritenfunde

Bei der Suche nach Meteoriten auf der Erde wurden Steinmeteorite mit einer Masse bis zu 1 t gefunden. Der größte bekannte Eisenmeteorit hat eine Masse von etwa 60 t. Meteorite mit einer Masse von über 100 t verdampfen beim Aufschlag. Es bleiben nur kleine Mengen meteoritischen Materials übrig.

| Einige Fundorte für Eisenmeteorite | |
|---|---|
| Ort | Masse in t |
| Campo de Cielo (Argentinien) | 13 |
| Mundrabilla (Australien) | 12 |
| Bacuberito (Mexiko) | 27 |

■ In der Antarktis fand man Meteorite, die eine ähnliche Zusammensetzung wie der Mond- oder Marsboden haben.

■ Große Meteoritenkrater: Arizona-Krater *(Cannon Diablo)*
Durchmesser 1 265 m, Tiefe 174 m; etwa 30 t meteoritisches Material gefunden; vermutliche Gesamtmasse des Meteoriten etwas 107 t, Durchmesser etwa 150 m. Meteoritenaufschlag erfolgte vermutlich vor etwa 20 000 Jahren.

- *Nördlicher Ries-Kessel* (Bundesrepublik Deutschland)
  Durchmesser 25 km, Meteoritenfall vor etwa $1,5 \cdot 10^7$ Jahren

- In der Tunguska (Sibirien) explodierte 1908 über der Erdoberfläche ein kosmischer Körper (großer Meteorit oder Kometenkern?), der den Waldbestand in einem Umkreis von 65 km total vernichtete.

## INTERPLANETARE MATERIE

Bezeichnung für das Gas, das Plasma und den Staub bis etwa 1 mm Durchmesser im Sonnensystem, d. h. im Gravitationsfeld der Sonne.

### Interplanetares Gas und Plasma

existieren als Restprodukte aus der Entstehungszeit des Sonnensystems, als Sonnenwind (ionisiertes Plasma und von Sonneneruptionen stammende solare Teilchen) und als einströmendes interstellares Gas (H, He).

### Interplanetarer Staub

Staubteilchen mit etwa 1 mm Durchmesser, häufig auch als Mikrometeoriten bezeichnet. Er entsteht beim Zusammenstoß von Planetoiden, durch Staubablagerungen der Kometen in Sonnennähe und durch das Eindringen von interstellarem Staub (Vorgang bisher wenig bekannt).

- Die Raumfahrt-Mission zum Kometen Halley ergab, daß dieser Himmelskörper in der Sonnenentfernung von 0,9 AE 10 bis 20 Tonnen Staub in der Sekunde abgibt. Täglich fallen etwa 40 Tonnen interplanetaren Staubes auf die Erde.

**Zodiakallicht.** Es ist ein dünner schwacher Lichtkegel, der sich nach Sonnenuntergang über den Westhorizont und vor Sonnenaufgang über den Osthorizont erhebt. Am besten läßt sich diese Erscheinung in den Tropen beobachten. Auf der Nordhalbkugel kann sie bei guten Bedingungen um den Frühlingsanfang am Abend und zum Herbstanfang am Morgen gesehen werden. Zodiakallicht ist Sonnenlicht, das vom interplanetaren Staub (von etwa einigen μm bis 300 μm) gestreut wird.

Zodiakallicht

**Leuchtende Nachtwolken.** Eine in den Sommermonaten durch den interplanetaren Staub im Bereich der geographischen Breite von 50° bis 70° bis 85 km Höhe hervorgerufene Erscheinung. Ursache ist der Aufstau der in die Erdatmosphäre einfallenden Staubpartikel.

## ENTSTEHUNG DES SONNENSYSTEMS

### Alter des Sonnensystems

Zeitraum, der seit Entstehung des Sonnensystems verflossen ist.
Bestimmung aus den
• Halbwertzeiten des radioaktiven Zerfalls chemischer Elemente (z. B. U, Th),
• Analysen irdischer Gesteine, des Mondgesteins und von Meteoriten.
Ergebnisse der Untersuchungen: Alter des Sonnensystems etwa $4{,}6 \cdot 10^9$ Jahre.

### Kosmogonie des Sonnensystems

Vorstellungen über Prozesse, die zur Bildung des Sonnensystems führten. Da im Sonnensystem unterschiedliche Himmelskörper existieren, sind Aussagen über den Entstehungsprozeß sehr schwierig. Außerdem steht der Beobachtung kein ähnliches System zur Verfügung. Es existiert eine Vielzahl von Hypothesen, aber keine gesicherte Theorie. Je nach Ausgangsposition lassen sich die vorliegenden Hypothesen in drei Gruppen einteilen:
- *Katastrophen- oder Gezeitenhypothesen*
  Planetare Körper entstanden durch Wechselwirkung der bereits existierenden Sonne mit anderen Himmelskörpern. Gezeitenkräfte zogen aus der Sonne Material heraus und verdichteten es zu Planeten.
- *Akkretions-Hypothesen*
  Sonne bewegt sich durch eine interstellare Wolke, sammelt Gas und Staub auf, woraus sich eventuell Planeten bilden können.
- *Evolutions-Hypothesen*
  Sonne und planetare Körper entstanden gemeinsam aus gleichem Baumaterial (Solarer Urnebel).

### Kant-Laplacesche Theorie

| Nebularhypothese von Kant (um 1755) | Rotationshypothese von Laplace (um 1796) |
|---|---|
| Kontraktion einer großen Staubwolke, Entstehung der Ursonne im Zentrum | Kontraktion einer langsam rotierenden Gas- und Staubwolke zu einer Nebelscheibe (Ursonne) |
| Zusammenstoß und Verdichtung der Staubteilchen in äußeren Gebieten der Staubwolke | Zunahme der Rotationsgeschwindigkeit der Ursonne, Gravitationswirkung reicht nicht mehr aus, Abschleuderung von Gas- und Staubringen infolge Fliehkraft |
| Entstehung örtlicher Klumpen, Gravitationswirkungen lassen diese zu Planeten anwachsen | Verdichtung der Gasringe zu Planeten |
| Baumaterial hat relativ niedrige Temperaturen | Baumaterial hat relativ hohe Temperaturen |

Moderne Vorstellungen knüpfen daran an.

## Kosmogonische Gesetzmäßigkeiten

Erkannte Gesetzmäßigkeiten des Sonnensystems, die sich nur aus seiner Entstehung erklären lassen.

- Die fast kreisförmigen Bahnen der Planeten liegen nahezu in einer Ebene.

- Die meisten Planeten und ihre Monde haben gleichen Umlaufsinn, der mit der Rotation der Sonne übereinstimmt.

- Die Sonne vereinigt fast die gesamte Masse des Systems, auf planetare Körper entfällt nur 1/750 der gesamten Masse.

- Die Sonne besitzt nur 2 % des Drehimpulses des Systems, 98 % des gesamten Drehimpulses befinden sich in den Umlaufbewegungen der Planeten um die Sonne.

- Planeten mit großen Massen, großen Radien und geringen Dichten bewegen sich im äußeren Bereich und Planeten mit kleinen Massen, kleinen Radien und großen Dichten im inneren Bereich des Sonnensystems.

- Die zahlenmäßige Beziehung zwischen den Abständen der Planeten von der Sonne wird durch die Titius-Bodesche-Reihe annähernd erfaßt.

↗ Titius-Bodesche-Reihe, S. 51

## Moderne Vorstellungen

Gegenwärtige Auffassungen über die Entstehung des Sonnensystems, die besonders durch Ergebnisse der Raumfahrt erweitert wurden.

| Erscheinungsformen | Vorgänge, Prozesse, Folgen |
|---|---|
| Solarer Urnebel | - Kontraktion einer interstellaren Gas-Staub-Wolke<br>- Bildung eines Protosterns (Ursonne) im Zentrum, der immer schneller rotiert<br>- Abgabe von Masse, scheibenförmige Anordnung um Ursonne (solare Scheibe)<br>- Magnetfelder übertragen zunehmend Drehimpuls von Ursonne auf solare Scheibe |
| Planetesimale (Kleinkörper, aus denen sich Planeten bilden) | - Temperaturgefälle und Dichteschwankungen in solarer Scheibe<br>- Kondensation des Nebelgases infolge chemischer Reaktionen<br>- Entstehung fester, sich immer weiter vergrößernder Partikel (Planetesimale)<br>- unterschiedliche chemische Zusammensetzung und Dichte der Kondensationsprodukte in Abhängigkeit von der Sonnenentfernung |
| Protoplaneten Vorstufe der Planeten | - Kollisionen und Verschmelzungen benachbarter Planetesimale (Akkretion)<br>- schnelles Wachstum einzelner Brocken, Bildung eines eigenen Gravitationsfeldes |

3

97

| Erscheinungsformen | Vorgänge, Prozesse, Folgen |
|---|---|
| Protoplaneten Vorstufe der Planeten (Fortsetzung) | - Gravitationsfeld der großen Brocken zieht kondensierte Materie der Umgebung an<br>- Anwachsen der Brocken zu Protoplaneten<br>- Aufschlag von Planetesimalen auf Oberflächen der Protoplaneten<br>- energetische Prozesse führen im neu entstandenen Planeten zur Umschichtung des Baumaterials in Abhängigkeit von seiner Dichte |
| Sonne | - Einsetzen von Kernprozessen<br>- Kontraktion der Ursonne kommt zum Stillstand<br>- Wellen- und Teilchenstrahlung der Sonne befördern restliche Kondensationsprodukte aus solarer Scheibe |
| Planeten<br><br><br><br><br><br>Erde | - Differenzierte Entwicklung in Abhängigkeit von den Ausgangsbedingungen<br>- sonnenferne Planeten konnten wegen großer Masse viel H und He an sich fesseln<br>- sonnennahe Planeten konnten wegen geringer Masse Uratmosphäre nicht an sich binden<br>- heutige Erdatmosphäre kein Restprodukt des solaren Nebels, sondern Resultat der Entgasung der Erdrinde und vulkanischer Tätigkeit<br>- Auftreten von freiem Sauerstoff in Erdatmosphäre, Entwicklung der Lebewesen |
| Monde | - Viele Monde sind wahrscheinlich eingefangene Planetesimale. Die großen Monde der jupiterartigen Planeten haben vermutlich eine ähnliche Entstehungsgeschichte wie die erdartigen Planeten.<br>- Vermutungen zur Entstehung des Mondes:<br>  • *Kondensation aus Staubring um die Erde*<br>  • *Abspaltung von der Urerde*<br>  • *Entstehung unabhängig von der Erde, wurde von ihr später eingefangen* |
| Planetoiden | Planetesimale, deren Wachstum durch Gravitationskräfte des Jupiters verhindert wurde |
| Kometen | Planetesimale in den äußeren Gebieten des Sonnensystems, aus denen sich keine größeren planetaren Körper bilden konnten. Der physikalische Zustand und die chemische Zusammensetzung der Kometenkerne hat sich seit der Entstehung des Sonnensystems nicht geändert. |
| Meteoriten | Produkte von durch Kollisionen zertrümmerten Planetesimalen und Planetoiden, Restprodukte sich auflösender Kometen |

# Sterne

## Sterne

Selbstleuchtende Himmelskörper, die ihre Energie während der längsten Zeit ihrer Entwicklung aus Kernfusionen gewinnen. Gaskugeln großer Masse und hoher Temperatur, die durch die Eigengravitation zusammengehalten werden.

## SONNE

### Sonne

Sie ist der uns nächste Stern. Die Sonne ist eine Gaskugel und wird durch die Gravitation zusammengehalten.

4

| Physikalische Eigenschaften der Sonne | | |
|---|---|---|
| Durchmesser | 1 392 520 km | etwa 109 Erddurchmesser |
| Volumen | $1\,414 \cdot 10^{15}$ km$^3$ | etwa 1 300 000 Erdvolumen |
| Oberfläche | $6\,092 \cdot 10^{9}$ km$^2$ | etwa 12 000 Erdoberflächen |
| Masse | $1\,989 \cdot 10^{27}$ kg | 333 000 Erdmassen |
| Mittlere Dichte | 1,409 g $\cdot$ cm$^{-3}$ | etwa 1/4 der mittleren Dichte der Erde |
| Gravitationsbeschleunigung an der Oberfläche | 274 m $\cdot$ s$^{-2}$ | etwa 28faches der Fallbeschleunigung an der Erdoberfläche |
| Oberflächentemperatur | 5 777 K | Siedepunkt von Eisen: 3 270 K |
| Mittlere Rotationsdauer<br>- siderisch<br>- synodisch | <br>25,4 d<br>27,3 d | gleiche Rotationsrichtung wie die Erde und dem Umlaufsinn der Planeten gleich |
| Gesamtstrahlungsleistung (Leuchtkraft) | $384,5 \cdot 10^{24}$ W | davon erhält die Erde etwa 0,000 000 05 % |
| mittlere Energieerzeugung | $1,934 \cdot 10^{-3}$ W $\cdot$ kg$^{-1}$ | |

99

| Physikalische Eigenschaften der Sonne (Fortsetzung) | | |
|---|---|---|
| Helligkeit<br>- absolut (bolom.)<br>- scheinbar | 4,74$^m$<br>- 26,83$^m$ | 450 000mal so hell wie der Vollmond |
| Spektralklasse | G 2 | vom gleichen Sterntyp: $\alpha$Centauri A |
| Leuchtkraftklasse | V | |
| Magnetfeld<br>- allgemein<br>- in Flecken | 5 · 10$^{-4}$ T<br>5 · 10$^{-1}$ T | 10mal bzw. 10 000mal stärker als das Erdmagnetfeld |

## Sonnenstrahlung

Im Sonneninnern wird durch Kernfusion (H $\rightarrow$ He) Energie freigesetzt, die durch Strahlung und Konvektion an die Sonnenoberfläche transportiert und in Form von elektromagnetischen Wellen und von Teilchen in den Raum abgestrahlt wird.
↗ Proton-Proton-Reaktion, S. 125

**Elektromagnetische Strahlung der Sonne.** Der überwiegende Teil der Sonnenstrahlung wird in Form von Licht und Wärme abgegeben. Ein geringer Teil (ca. 10% ) wird als längerwellige Radiostrahlung bzw. kürzerwellige Ultraviolettstrahlung und Röntgenstrahlung abgegeben.
↗ Elektromagnetisches Spektrum, S. 7

■ Infolge der Äquivalenz von Energie und Masse erleidet die Sonne durch ihre elektromagnetische Strahlung in jeder Sekunde einen Masseverlust von 4,3 · 10$^6$ t. Bei gleichbleibender Sonnenstrahlung macht das in 10 Milliarden Jahren jedoch nur 0,07 % der Sonnenmasse aus.
↗ Energiefreisetzungsprozesse in Sternen, S. 125, 179

**Sonnenspektrum.** Eine kontinuierliche elektromagnetische Strahlung, die von zahlreichen Absorptionslinien (Fraunhoferschen Linien) sowie - bei kurzen Wellenlängen ($\lambda \leq 120$nm) - von Emissionslinien durchsetzt ist. Heute sind mehr als 25 000 Fraunhoferlinien bekannt und zu 75 % identifiziert.

407,1749 — 406,3605 — 404,5825 — 403,5732 — 403,4492 — 403,3072 — 403,0763 — 400,5254 (in nm)

Ausschnitt aus dem Sonnenspektrum mit Fraunhoferschen Linien

**Solarkonstante.** Derjenige Teil der elektromagnetischen Strahlungsenergie der Sonne, der bei mittlerer Entfernung Erde-Sonne je Zeiteinheit senkrecht auf die Flächeneinheit fällt.

> Solarkonstante: $1{,}367 \text{ kW} \cdot \text{m}^{-2}$

Die Solarkonstante dient der Bestimmung der Leuchtkraft und der Oberflächentemperatur der Sonne.

**Teilchenstrahlung.** Überwiegend aus Elektronen und Protonen bestehende Strahlung der Sonne. Der die Sonne in alle Richtungen ständig verlassende Teilchenstrom heißt *Sonnenwind*.
Durch die hohe Temperatur in der Sonnenkorona erlangt ein Teil der Teilchen so hohe Geschwindigkeiten, daß sie die Gravitationskraft der Sonne überwinden (Entweichgeschwindigkeit an der Sonnenoberfläche $618 \text{ km} \cdot \text{s}^{-1}$). Außerdem strahlt die Sonne einen ununterbrochenen Strom von Neutrinos ab, die von der Kernfusion im Sonneninnern stammen.

4

■ Durch die Teilchenstrahlung verliert die Sonne in jeder Sekunde eine Masse von $1{,}2 \cdot 10^6$ t.
⤢ Energiefreisetzungsprozesse in Sternen, S. 125, 179

**Neutrinostrahlung der Sonne.** Neutrinos sind elektrisch neutrale Elementarteilchen ohne oder mit sehr geringer Ruhemasse. Sie haben mit Materie nur eine extrem geringe Wechselwirkung. Sonne und Erde werden von ihnen praktisch ungehindert durchdrungen.

■ Eine Bleischicht von 1 Lichtjahr Dicke ($9{,}5 \cdot 10^{12}$ km) würde von 99,9 % aller Neutrinos ungehindert passiert.

Im Sonneninnern werden beim Aufbau jedes Heliumkernes aus 2 Wasserstoffkernen 2 Neutrinos frei.
Da die Leuchtkraft der Sonne bekannt ist, läßt sich abschätzen, daß die Erde je Sekunde und cm² von 65 Milliarden Neutrinos durchdrungen wird. Experimentell konnte bisher nur etwa ein Drittel dieses Wertes nachgewiesen werden.
Dies Problem gehört zu den offenen Fragen der Astronomie.
⤢ Energiefreisetzungsprozesse in Sternen, S. 125, 179

## Innerer Aufbau der Sonne

| Mittlere chemische Zusammensetzung der Sonne | | |
|---|---|---|
| Elemente | Zentralgebiet | übrige Bereiche |
| Wasserstoff | 36 % | 73 % |
| Helium | 62 % | 25 % |
| schwerere Elemente | 2 % | 2 % |

⤢ Spektroskopie, S. 176

101

**Theorie des Sonnenaufbaus.** Die Sonne befindet sich im mechanischen und im thermischen Gleichgewicht.

| Mechanisches Gleichgewicht |
| --- |
| Gasdruck  +  Strahlungsdruck  =  Gravitationsdruck |
| nach außen gerichtet        nach innen gerichtet |

| Thermisches Gleichgewicht |
| --- |
| im Zentrum freigesetzte Energie  =  nach außen abtransportierte Energie |

↗ Gleichgewichtszustand der Sterne, S. 124; ↗ Theorie des Sternaufbaus, S. 124, 177

**4**

| Physikalische Größen im Zentrum der Sonne | |
| --- | --- |
| Temperatur | $14{,}6 \cdot 10^6$ K |
| Dichte | $134$ g $\cdot$ cm$^{-3}$ |
| Druck | $22 \cdot 10^{15}$ Pa |

**Energietransport.** Im Sonneninnern wird die freigesetzte Energie durch Strahlung unter ständiger Absorption und Emission allmählich nach außen transportiert. In den äußeren Schichten (bis in 150 000 km Tiefe) kommt Konvektion (Strömung) dazu. Diese Außenschicht heißt darum *Wasserstoffkonvektionszone*. Die im Zentrum freigesetzte Strahlung wird nach mehr als 1 Million Jahren von der Sonnenatmosphäre abgestrahlt.

**Rotation.** Die Sonne rotiert nicht wie ein starrer Körper. Am Äquator hat sie eine siderische Rotationsdauer von 25,03 Tagen (Rotationsgeschwindigkeit 2 km $\cdot$ s$^{-1}$). Außerdem rotieren die oberen Schichten schneller als die tieferliegenden (differentielle Rotation). Da der Umlauf der Erde um die Sonne und die Sonnenrotation gleichgerichtet sind, ist die synodische Rotationsdauer größer als die siderische.[1]

[1] siderische Rotation - Rotation um 360°
synodische Rotation - Rotation > 360°, bis der Erde wieder dieselbe Sonnenseite zugekehrt ist

| Rotationsdauer | | |
| --- | --- | --- |
| heliographische Breite | Rotationsdauer | |
| | siderisch | synodisch |
| Äquator (0°) | 25,03 d | 26,92 d |
| 16° | 25,38 d | 27,275 d |
| 30° | 26,4 d | 28,3 d |
| 50° | 28,5 d | 30,5 d |
| 70° | 31,2 d | 33,2 d |

**Äquatorneigung.** Die Ebene des Sonnenäquators ist gegen die Erdbahnebene (= Ekliptikebene) um 7,25° geneigt.

## Atmosphäre

Äußere Schichten der Sonne: *Photosphäre, Chromosphäre, Korona.*

| Photosphäre | |
|---|---|
| • Schicht der Sonnenoberfläche, von der der größte Teil des Sonnenlichtes abgestrahlt wird,<br>• Dicke etwa 400 km (< 1/1 000 des Sonnendurchmessers),<br>• Temperaturabnahme von innen nach außen von etwa 9 000 K auf 4 300 K<br>• Randverdunkelung der Sonnenscheibe, weil Licht vom Sonnenrand aus höheren | und damit kühleren Schichten stammt als jenes, das uns von der Mitte der Sonnenscheibe erreicht,<br>• Störgebiete: Flecken und Fackeln,<br>• Feinstruktur: Granulation (Ursache: vertikale Strömungen in der Wasserstoffkonvektionszone; die aufwärts gerichteten heißen Gasströme erscheinen heller als ihre Umgebung) |

**4**

| Chromosphäre | |
|---|---|
| • Schicht über der Photosphäre,<br>• Dicke etwa 10 000 km,<br>• Temperatur an der unteren Grenze etwa 4 300 K, an der oberen Grenze etwa $10^6$ K,<br>• Dichte nach außen stark abnehmend,<br>• flockige Struktur infolge starker Turbulenzen,<br>• Störgebiete: Fackeln, Eruptionen, Protuberanzen,<br>• sichtbar bei verdeckter Photosphäre | 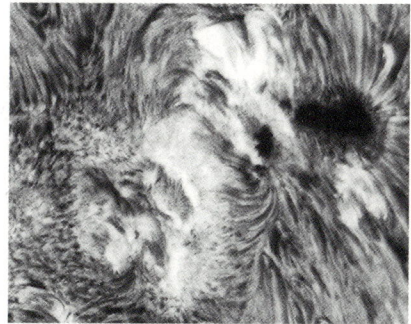 |

| Korona | |
|---|---|
| • äußerste Schicht, die allmählich in den interplanetaren Raum übergeht,<br>• extrem geringe Dichte,<br>• hohe Temperatur (etwa $10^6$ K),<br>• Veränderung von Form und Struktur in Abhängigkeit von der Sonnenaktivität,<br>• nur sichtbar, wenn helle Sonnenscheibe verdeckt ist (z. B. bei totaler Sonnenfinsternis) |  |

↗ Koronograph, S. 16

## Aktivität

Gesamtheit der periodischen veränderlichen Erscheinungen auf der Sonne, vor allem Flecken, Fackeln, Eruptionen, Protuberanzen.

Die Erscheinungen der Sonnenaktivität zeigen räumliche und zeitliche Gemeinsamkeiten, die auf gleiche Ursachen (Magnetfeldkonzentrationen) hindeuten.

### Flecken

- Störgebiete in der Photosphäre in Form einzelner dunkler Flecken oder -gruppen in geringen heliographischen Breiten,
- Temperaturen 1 000 K bis 2 500 K niedriger als in der ungestörten Photosphäre,
- Durchmesser können 200 000 km überschreiten (16facher Erddurchmesser),
- große Flecken besitzen dunklen Kern (Umbra) und helleren Hof (Penumbra) mit strahlenförmiger Struktur;
Erscheinung deutet auf starke radiale Strömungen hin,
- Verbindung mit starken Magnetfeldern, die die 1 000fache Stärke des allgemeinen Magnetfeldes der Sonne erreichen,
- Häufigkeit weist auf eine etwa 11jährige Periode hin (Sonnenfleckenzyklus); wird die Richtung des Magnetfeldes berücksichtigt, ergibt sich eine 22jährige Periode,
- Lebensdauer von wenigen Stunden (kleine Flecken) bis zu Monaten (mehrere Sonnenrotationen).

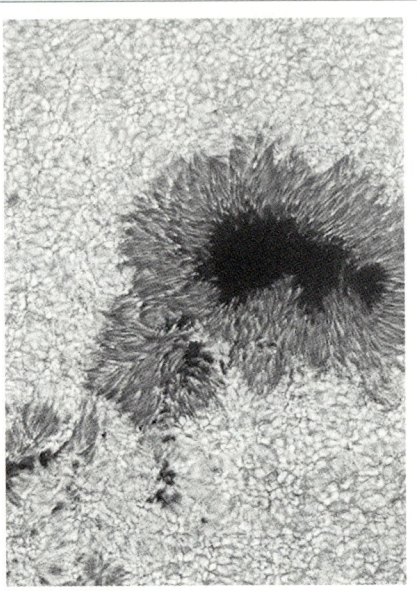

### Fackeln

- Störgebiete in der Photosphäre und der unteren Chromosphäre, etwa 1 000 K heißer als ihre Umgebung,
- existieren meist bei Flecken; mittlere Lebensdauer ist höher als die der Flecken.

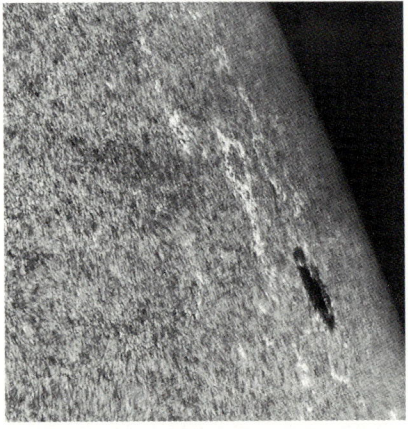

## Eruptionen (Flares)

- kurzzeitige, extrem rasche Helligkeitsaus-
  brüche in begrenzten Bereichen der Photosphäre und der Chromosphäre,
- große Eruptionen setzen Energien bis zu
  $10^{20}$ kWh frei, wobei die Intensität der
  Radio-, UV- und Röntgenstrahlung der
  Sonne ansteigt,
- Lebensdauer von wenigen Minuten bis zu
  einigen Stunden, treten meist in der Nähe
  großer Fleckengruppen auf.

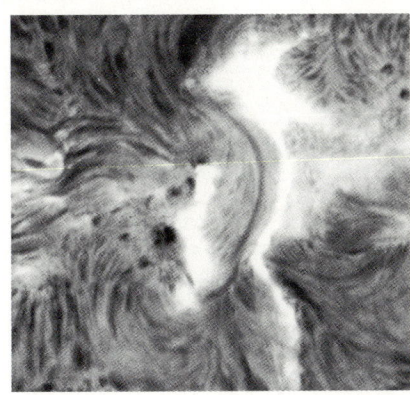

**4**

## Protuberanzen

- Gaswolken unterschiedlicher Größe und
  Gestalt ragen aus der Chromosphäre in
  die Korona,
- mittlere Werte: Dicke etwa 10 000 km,
  Länge der Bögen etwa 200 000 km, Höhe
  etwa 50 000 km,
- Temperaturen 10 000 K bis 20 000 K,
- Lebensdauer teilweise mehrere Sonnenrotationen,
- einzelne Protuberanzen können sich mit
  wachsender Geschwindigkeit bis $10^6$ km

über den Sonnenrand erheben, fallen dann
zurück oder entweichen als Teilchenwol-
ke in die Korona oder in den interplanetaren Raum,
- treten meist zusammen mit Fackeln und
  Flecken auf, zeigen die gleiche 11jährige
  Häufigkeitsperiode,
- Sichtbarkeit am Sonnenrand (Bild) bei totalen Sonnenfinsternissen bzw. mit spezi-
  ellen Fernrohren.

 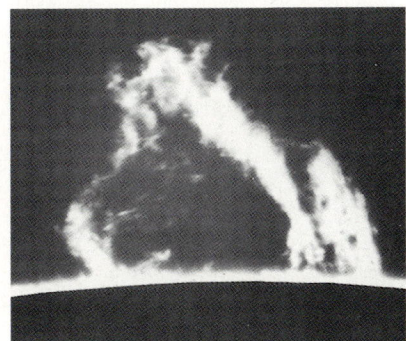

Aufnahmen im Abstand von 15 min

## Solar-terrestrische Beziehungen

Erscheinungen auf der Erde und in der Erdatmosphäre, die durch die Teilchenstrahlung der Sonne (Sonnenwind) verursacht werden.

| Erscheinungen und Wirkungen | Veränderungen des elektrischen Zustandes und Verhaltens der Ionosphäre (Funkstörungen), Beeinflussung des Erdmagnetfeldes (magnetische Stürme), Leuchterscheinungen in der Hochatmosphäre in nördlichen und südlichen Breiten (Polarlichter), starke elektrische Ströme in Pipelines und ausgedehnten Rohrleitungssystemen |
|---|---|
| Vermutete meteorologische und biologische Wirkungen[1] | Gewitterhäufigkeit, Wettergeschehen, Jahreswachstum der Bäume, Ernteerträge, Herzinfarkthäufigkeit |

[1] Die vermuteten Wirkungen sind umstritten, weil es schwierig ist, bei der Fülle der diese Erscheinungen bewirkenden Faktoren den Einfluß eines einzelnen Faktors (der Teilchenstrahlung der Sonne und ihrer elektrischen und magnetischen Auswirkungen) abzuheben.

## 4 BENENNUNG DER STERNE

| Art der Benennung | ■ linker Schulterstern des Orion |
|---|---|
| Durch die Sternkoordinaten (2000.0) | Rektaszension: $\alpha = 5^h\ 55^{min}\ 10{,}3^s$<br>Deklination: $\delta = +7°\ 24'\ 25{,}35''$ |
| Durch die Nummer in einem Sternkatalog | Nummer im Henry-Draper-Katalog: HD 39 801 |
| Durch einen kleinen griechischen oder lateinischen Buchstaben in Verbindung mit dem Sternbildnamen (für Sterne heller als etwa 4. Größe) | $\alpha$ Orionis = $\alpha$ Ori<br>(= Stern $\alpha$ im Sternbild Orion) |
| Durch einen Eigennamen (für die hellsten und auffälligsten Sterne) | Beteigeuze |

### Namen ausgewählter Sterne

| Eigenname | astronomische Benennung | | Rektaszension h min s | | | Deklination |
|---|---|---|---|---|---|---|
| | vollständige Form | Kurzform | | | | |
| Algol | Beta Persei | $\beta$ Per | 3 | 8 | 11 | + 40,95° |
| Arktur | Alpha Bootis | $\alpha$ Boo | 14 | 15 | 40 | + 19,18° |
| Deneb | Alpha Cygni | $\alpha$ Cyg | 20 | 41 | 26 | + 45,27° |
| Kastor | Alpha Gemini | $\alpha$ Gem | 7 | 34 | 36 | + 31,88° |
| Mira | Omikron Ceti | $o$ Cet | 2 | 19 | 21 | - 2,98° |
| Mizar | Zeta Ursae Maioris | $\xi$ UMa | 13 | 23 | 56 | + 54,33° |
| Polarstern | Alpha Ursae Minoris | $\alpha$ UMi | 1 | 31 | 51 | + 89,25° |
| Pollux | Beta Gemini | $\beta$ Gem | 7 | 45 | 19 | + 28,02° |
| Regulus | Alpha Leonis | $\alpha$ Leo | 10 | 8 | 22 | + 11,97° |

## HELLIGKEIT UND ENTFERNUNG DER STERNE

### Helligkeit

Maß für den von einem Himmelskörper empfangenen Strahlungsstrom. Einheit Größenklasse ($^m$).

Gemäß Definition entspricht einer Helligkeitsdifferenz von 1 Größenklasse ($m_1$-$m_2$) ein Verhältnis der Strahlungsintensitäten von $10^{0,4} : 1 = 2,512$.

| | |
|---|---|
| $2^m - 1^m = 1$ mag | Helligkeitsdifferenzen werden in mag (von lat. magnitudo = Größe) gemessen. |

Einer Helligkeitsdifferenz von 2,5 mag entspricht ein Verhältnis der Strahlungsintensitäten von $10^{0,4 \cdot 2,5} : 1 = 10 : 1$.
Festlegung: Kleinen Zahlenwerten der Größenklassen entsprechen große Helligkeiten und umgekehrt.

■ Atair hat eine scheinbare Helligkeit $m = 0,77^m$; Wega hat eine Helligkeit $m = 0,03^m$. Wega ist um 0,74 mag heller als Atair.

Es ist zwischen scheinbarer und absoluter Helligkeit zu unterscheiden.

**Scheinbare Helligkeit.** Sie ist die beobachtete Helligkeit. Sie hängt vor allem von der Strahlungsleistung und der Entfernung der Himmelskörper von der Erde ab. Formelzeichen: $m$.

**Absolute Helligkeit.** Stünden alle Sterne in einer Einheitsentfernung, so wäre ihre Helligkeit direkt ein Maß für die Strahlungsleistung. Die Helligkeit, die ein Stern in einer Entfernung von 10 pc hätte, heißt absolute Helligkeit $M$.
↗ Entfernungsbestimmung, S. 109  ↗ Entfernungseinheiten, S. 111

### Helle Sterne unseres Himmels (Auswahl)

| Name | Helligkeit | |
|---|---|---|
| | scheinbar | absolut |
| Sonne | $-26,83^m$ | $+4,74^m$ |
| Sirius | $-1,46^m$ | $+1,5^m$ |
| Arktur | $-0,04^m$ | $+0,2^m$ |
| Wega | $+0,03^m$ | $+0,6^m$ |
| Kapella | $+0,08^m$ | $-0,5^m$ |
| Rigel | $+0,12^m$ | $-6,5^m$ |
| Prokyon | $+0,38^m$ | $+2,6^m$ |
| Atair | $+0,77^m$ | $+2,39^m$ |
| Aldebaran | $+0,85^m$ | $-0,6^m$ |
| Spica | $+0,97^m$ | $-6,7^m$ |

**Entfernungsmodul.** Differenz von scheinbarer und absoluter Helligkeit. Maß für die Entfernung des Sterns. Je größer $m$ - $M$, desto entfernter ist der Stern.

107

- Entfernungsmoduln von
  - Sirius: $(-1{,}46^m) - (+1{,}5^m) = -2{,}96$ mag
  - Rigel: $(+0{,}12^m) - (-6{,}5^m) = +6{,}62$ mag
  Rigel ist sehr viel weiter entfernt als Sirius.
  ↗ photometrische Entfernungsbestimmung, S. 110

**Photometrische Helligkeiten.** Sterne strahlen in den spektralen Bereichen unterschiedlich stark. Daher ergeben sich für ein und denselben Stern verschiedene Helligkeiten, je nachdem, in welchem Bereich des Spektrums gemessen wird.

| Art der Helligkeit | Abkürzung | Meßbereich |
|---|---|---|
| visuelle Helligkeit | $m_{vis}$ | Beobachtung mit dem Auge |
| photographische Helligkeit (Blauhelligkeit) | $m_{ph}$ | fotografische Beobachtung |
| photovisuelle Helligkeit | $m_{pv}$ | fotografische Beobachtung mit Gelbfilter |
| U-, B-, V-Helligkeit | $m_U$, $m_B$, $m_V$ | Messung in sehr engen Bereichen im ultravioletten (350 nm), blauen (435 nm) und visuellen (555 nm) Teil des Spektrums |
| bolometrische Helligkeit | $m_{bol}$ | Messung über den gesamten Bereich des Spektrums |

↗ Strahlungsgesetze, S. 114
↗ Farbenindex, S. 129;  ↗ Entstehung der Astrophysik, S. 176

**Extinktion.** Schwächung und/oder Verfärbung sowie Streuung des Sternenlichtes beim Durchgang durch interstellare Wolken und die Erdatmosphäre. Beim Durchgang des Lichtes durch Gase wird Strahlung aus schmalen spektralen Bereichen absorbiert. Im Spektrum treten dunkle Absorptionslinien auf, die für jedes absorbierende Element oder Molekül charakteristisch sind. Darauf beruht die Spektralanalyse.
Beim Durchgang durch die Erdatmosphäre ist die Schwächung des Sternenlichtes um so größer, je schräger das Licht einfällt.
↗ Sonnenspektrum, S. 100
↗ Sternspektrum, S. 120
↗ Interstellare Materie, S. 9, 144
↗ Spektralanalyse, S. 123, 176

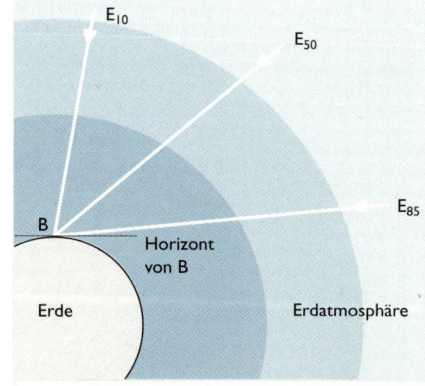

B - Beobachtungsort
E - einfallende Strahlung im Winkel von 10°, 50°, 85°

Der Lichtweg durch die Atmosphäre ist um so länger, je schräger das Licht einfällt. Damit wächst die atmosphärische Extinktion.

| Extinktion in der Erdatmosphäre gegenüber dem Zenit | | | |
|---|---|---|---|
| Zenitabstand der einfallenden Strahlung | Schwächung | Zenitabstand der einfallenden Strahlung | Schwächung |
| 0° | 0 mag | 50° | 0,12 mag |
| 10° | 0 mag | 60° | 0,23 mag |
| 20° | 0,01 mag | 70° | 0,45 mag |
| 30° | 0,03 mag | 80° | 0,99 mag |
| 40° | 0,06 mag | 85° | 1,77 mag |

Außerdem ist die Extinktion farbabhängig: Blaues Licht wird stärker, rotes weniger stark geschwächt.
- Rötung der Gestirne in Horizontnähe.

## Entfernungsbestimmung

Kenntnisse über die Entfernung der Sterne und Sternsysteme sind von grundlegender Bedeutung für viele Bereiche der Astronomie, z. B. für die Ermittlung der Struktur kosmischer Systeme oder für die Gewinnung astrophysikalischer Aussagen. Entfernungen der Sterne können trigonometrisch, photometrisch oder durch Messung der Rotverschiebung ermittelt werden. Diese Methoden sind auf unterschiedlich entfernte Objekte oder bestimmte Gruppen von Himmelskörpern anwendbar. Für erdnahe Objekte im Sonnensystem wird die Messung der Laufzeit von Signalen genutzt.

**Echomethode.** Bei bekannter Lichtgeschwindigkeit kann die Laufzeit von Radar- oder Laserimpulsen für die Entfernungsbestimmung erdnaher Himmelskörper (Mond, Venus, Mars, Merkur, ausgewählte Planetoiden) genutzt werden. Da die Ausbreitungsgeschwindigkeit elektromagnetischer Wellen die am besten bekannte Naturkonstante ist, können diese Entfernungen sehr genau bestimmt werden (Mond ± 3 cm). Über das 3. Keplersche Gesetz lassen sich dann auch die mittlere Entfernung Erde-Sonne (Astronomische Einheit) und die Entfernungen der übrigen Planeten ermitteln.

| | genauer Wert | gebräuchlicher Wert |
|---|---|---|
| Lichtgeschwindigkeit $c$ | $(299\ 792{,}458 \pm 0{,}001\ 2)\ \text{km} \cdot \text{s}^{-1}$ | $300\ 000\ \text{km} \cdot \text{s}^{-1}$ |
| Astronomische Einheit (1 AE) | $149{,}597\ 870 \cdot 10^6\ \text{km}$ | $149{,}6 \cdot 10^6\ \text{km}$ |

↗ Entfernungseinheiten, S. 111

**Trigonometrische Entfernungsbestimmung.** Ermittlung der Sternentfernung mittels Winkelmessung, wobei als Basis der Durchmesser der Erdbahn (2 AE; ≈ 300 000 000 km) genommen wird. Gemessen wird die scheinbare Verschiebung des beobachteten Sterns gegenüber Sternen, von denen man annimmt, daß sie wesentlich weiter entfernt sind als der untersuchte Stern. Der Winkel, unter dem der Erdbahnradius vom Stern aus erscheint, heißt Parallaxe $p$. Die Parallaxen aller Sterne sind kleiner als 1 Bogensekunde.

109

Entfernungsbestimmung durch Ermittlung der trigonometrischen Parallaxen ist anwendbar auf Sterne, deren Entfernung kleiner als 100 pc ist ($p \geq 0,001"$).

S    Ort der Sonne
$E_1, E_2$ Orte der Erde im Abstand eines halben Jahres
$a$    große Halbachse der Erdbahn = 1 AE
$S_1, S_2$ Sternörter
$r_1, r_2$ Entfernungen der Sterne $S_1, S_2$
$p_1, p_2$ Parallaxen der Sterne $S_1, S_2$
$s_1, s_2$ Widerspiegelung der Erdbahn durch Verschiebung der Sterne $S_1, S_2$ gegenüber dem Himmelshintergrund

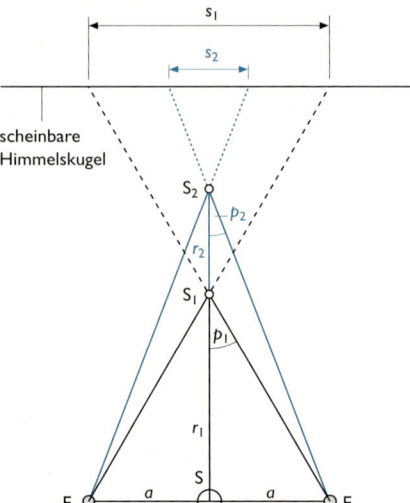

Trigonometrische Parallaxe

Zwischen der Parallaxe $p$ und der Entfernung $r$ besteht die Beziehung

$$r = \frac{1}{p}$$

$r$ in Parsec
$p$ in Bogensekunden

| Parallaxe und Entfernung einiger sonnennaher Sterne | | |
|---|---|---|
| Stern | Parallaxe | Entfernung |
| Proxima Cen | 0,772" | 1,295 pc |
| $\alpha$ Cen | 0,750" | 1,333 pc |
| Sirius ($\alpha$ CMa) | 0,377" | 2,653 pc |
| Atair ($\alpha$ Aql) | 0,202" | 4,95 pc |
| Wega ($\alpha$ Lyr) | 0,133" | 7,52 pc |
| Arktur ($\alpha$ Boo) | 0,097" | 10,30 pc |

↗ Entfernungseinheiten, S. 111
↗ Erste Messungen von Fixsternparallaxen, S. 175

**Photometrische Entfernungsbestimmung.** Zwischen der scheinbaren Helligkeit $m$, der absoluten Helligkeit $M$ und der Entfernung $r$ (in pc) der Sterne besteht die Beziehung

$$m - M = 5 \cdot \lg r - 5$$

Gelingt es, die absolute Helligkeit (oder die ihr äquivalente Leuchtkraft) zu bestimmen (z. B. durch Untersuchung des Sternspektrums oder bei Kenntnis des Sterndurchmessers und der Oberflächentemperatur), so kann die Entfernung $r$ berechnet werden.

↗ Entfernungseinheiten, S. 111

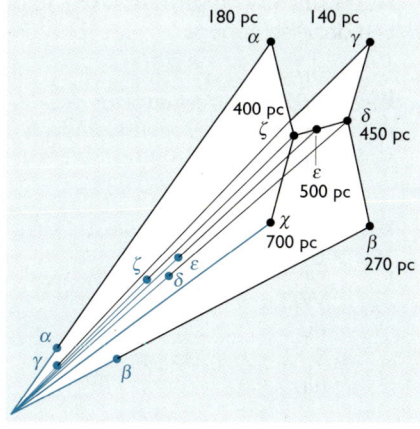

Räumliches Modell des Sternbildes Orion

**4**

**Cepheidenmethode.** Gemäß der Beziehung zwischen der Lichtwechselperiode und der absoluten Helligkeit (bzw. Leuchtkraft) der Delta-Cephei-Sterne läßt sich über die meßbaren Größen scheinbare Helligkeit und Periode der Entfernungsmodul und damit die Entfernung berechnen.
Befinden sich Delta-Cephei-Sterne in Sternhaufen, wird damit die Entfernung der anderen Sterne des Haufens bekannt. Da Delta-Cephei-Sterne hohe Leuchtkraft besitzen, können sie auch in anderen Sternsystemen beobachtet werden und ermöglichen die Entfernungsbestimmung dieser Systeme.
↗ Entfernungsmodul, S. 107; ↗ Photometrische Entfernungsbestimmung, S. 110
↗ Perioden-Helligkeits-Beziehung, S. 132
↗ Veränderliche, S. 130

**Rotverschiebungsmethode.** Die Entfernung weit entfernter Galaxien kann aus der Rotverschiebung in ihren Spektren ermittelt werden.
↗ Hubble-Konstante, S. 158, 181; ↗ Entfernung der Sternsysteme, S. 152
↗ Entdeckung der Expansion des Weltalls, S. 180

**Reichweite verschiedener Methoden der Entfernungsbestimmung.**

| Methode | Reichweite |
| --- | --- |
| Echomethode | Inneres Sonnensystem |
| Trigonometrische Methode | 1 000 pc |
| Photometrische Methode | Milchstraßensystem; |
| | helle Sterne bis in Nachbargalaxien |
| Cepheidenmethode | $20 \cdot 10^6$ pc |
| Rotverschiebungsmethode | mehrere $10^9$ pc |

## Entfernungseinheiten
In der Astronomie werden die Einheiten Astronomische Einheit, Parsec und Lichtjahr verwendet.

**Astronomische Einheit (AE).** Mittlere Entfernung Erde-Sonne; fundamentale Einheit der Astronomie.
1 AE = 149,598 · $10^6$ km

**Parsec (pc).** Entfernung, aus der der mittlere Abstand Erde-Sonne (1 AE) unter einem Winkel von 1 Bogensekunde erscheint.
Vielfache: 1 kpc = 1 000 pc
1 Mpc = 1 000 000 pc

**Lichtjahr (Lj).** Strecke, die das Licht in einem Jahr zurücklegt (Lichtgeschwindigkeit 300 000 km · $s^{-1}$).

| Einheit | km | AE | pc | Lj |
|---------|-----|-----|-----|-----|
| 1 AE | 149,598 · $10^6$ | 1 | 4,8481 · $10^{-6}$ | 15,8129 · $10^{-6}$ |
| 1 pc | 30,857 · $10^{12}$ | 206 266 | 1 | 3,2617 |
| 1 Lj | 9,460 5 · $10^{12}$ | 63 239 | 0,3066 | 1 |

**4**

### Entfernung heller Sterne

| Sternname | Entfernung in Lj | Entfernung in pc |
|-----------|------------------|------------------|
| Sirius | 8,8 | 2,7 |
| Wega | 26 | 7,5 |
| Pollux | 36 | 11 |
| Kastor | 46 | 14 |
| Kapella | 46 | 14 |
| Aldebaran | 68 | 21 |
| Regulus | 85 | 26 |
| Algol | 101 | 31 |
| Mira | 130 | 40 |
| Spica | 274 | 84 |
| Beteigeuze | 587 | 180 |
| Polarstern | 652 | 200 |
| Rigel | 880 | 270 |
| Deneb | 1630 | 500 |

## ZUSTANDSGRÖSSEN DER STERNE

### Zustandsgrößen
Beobachtete oder aus Beobachtungen ermittelte Größen, die in ihrer Gesamtheit den physikalischen Zustand eines Sterns beschreiben.
**Zustandsgrößen** sind:

| | | |
|---|---|---|
| Leuchtkraft | Masse | Schwerebeschleunigung |
| (≙ absolute Helligkeit ) | mittlere Dichte | Magnetfeld |
| Temperatur | mittlere Energieerzeugung | Rotation |
| Durchmesser | Spektralklasse | chemische Zusammensetzung |

112

## Leuchtkraft

Gesamtstrahlungsleistung eines Sterns; eine der absoluten Helligkeit äquivalente Größe, Formelzeichen $L$.
Leuchtkraft und absolute Helligkeit sind äquivalente Größen in verschiedenen Einheiten (Watt bzw. Größenklasse).

Umrechnungsformeln:

| | |
|---|---|
| $M_{bol} = 4{,}7 - 2{,}5 \cdot \log L$ <br> $L = 10^{1{,}88 - 0{,}4 \cdot M_{bol}}$ | ($L$ in Vielfachen der Sonnenleuchtkraft) |

Leuchtkräfte können bestimmt werden:
• aus scheinbarer Helligkeit $m$ und Entfernung $r$ (mit nachfolgender Umrechnung aus absoluter Helligkeit $M$),
• aus der Stärke bestimmter Absorptionslinien im Spektrum,
• aus der Oberflächentemperatur $T$ und dem Durchmesser $D$.
Die Leuchtkräfte der Sterne streuen in einem sehr weiten Bereich; sie reichen von $10^{-4}$ Sonnenleuchtkräften bis zu $10^5$ Sonnenleuchtkräften.
↗ Strahlungsgesetz, S. 114
↗ Helligkeit, S. 107
↗ Spektralklasse, S. 120
↗ Temperatur, S. 113
↗ Entfernungsbestimmung, S. 109
↗ Hertzsprung-Russell-Diagramm, S. 127

**4**

## Temperatur

Die Temperatur ($T$) an der Oberfläche der meisten Sterne liegt zwischen 2 500 K und 50 000 K.
Die Temperatur der Sterne wird vor allem durch Bestimmung der ausgestrahlten Energiemenge oder durch Messung der Strahlungsintensität in einem Wellenlängenintervall ermittelt.

### Bestimmung der Sterntemperatur durch Bestimmung der ausgestrahlten Energiemenge:

Aus dem Stefan-Boltzmannschen Gesetz ergibt sich

| | |
|---|---|
| $T \sim \sqrt[4]{\dfrac{L}{D^2}}$ | $T$ Temperatur <br> $L$ Leuchtkraft <br> $D$ Durchmesser |

Die auf diesem Wege bestimmte Temperatur heißt *effektive Temperatur*. Sie läßt sich für Sterne ermitteln, deren Leuchtkraft und Durchmesser bekannt sind.
↗ Strahlungsgesetz, S. 114
↗ Temperatur, S. 113

Wird statt der Strahlungsenergie im gesamten Spektrum nur die eines ausgewählten Wellenlängenintervalls untersucht, so erhält man die *Strahlungsstemperatur*.

### Bestimmung der Sterntemperatur durch Messung der Strahlungsintensität in einem Wellenlängenintervall:

Der Vergleich der Strahlungsintensität des Sterns mit der eines Schwarzen Körpers in einem bestimmten Wellenlängenintervall ergibt die *Farbtemperatur*.

| Temperaturen der Sonne (nach verschiedenen Bestimmungsmethoden) | | Effektive Temperatur von Hauptreihensternen verschiedener Spektralklassen | |
|---|---|---|---|
| Art der ermittelten Temperatur | Wert | Spektralklasse | effektive Temperatur |
| effektive Temperatur | 5 777 K | M 3 | 2 900 K |
| Strahlungstemperatur | | K 5 | 4 700 K |
| visueller Bereich | 6 050 K | G 2 | 5 800 K |
| fotografischer | | F 2 | 7 300 K |
| Bereich | 5 895 K | A 2 | 10 900 K |
| Farbtemperatur | | B 3 | 21 800 K |
| 300 nm bis 400 nm | 4 850 K | B 0 | 32 500 K |
| 410 nm bis 950 nm | 7 140 K | O 5 | 41 000 K |

↗ Hertzsprung-Russell-Diagramm, S. 127

## Strahlungsgesetze

**Schwarzer Strahler.** Die von einem Körper ausgesandte Strahlung ist um so größer, je mehr Strahlung er absorbieren kann. Ein Schwarzer Strahler absorbiert jede auftreffende elektromagnetische Strahlung vollständig.

Sterne sind in ihrem Innern Schwarze Strahler. In ihren äußeren Schichten dagegen wird die abgestrahlte Energie in verschiedenen Wellenlängen unterschiedlich stark geschwächt (selektiver Strahler).

## Plancksches Strahlungsgesetz

> Die Energiedichte einer elektromagnetischen Strahlung ist eine Funktion von Wellenlänge und Temperatur.
> Sie ist an jeder Stelle des Spektrums um so höher, je größer die Temperatur des Strahlers ist.

Jeder Temperatur entspricht eine Plancksche Kurve, die sich in keinem Bereich mit einer anderen schneidet (Bild, S. 115).

**Plancksches Wirkungsquantum.** Die in der mathematischen Formulierung des Planckschen Strahlungsgesetzes auftretende Konstante $h$ ist eine universelle Größe. Sie hat die Dimension einer Wirkung (Energie · Zeit).

$$h = 6{,}6260755 \cdot 10^{-34} \, \text{J} \cdot \text{s}$$

## Wiensches Verschiebungsgesetz

| Das Maximum der Strahlungsintensität verschiebt sich mit wachsender Temperatur zu immer kleineren Wellenlängen. | $\lambda_{max} \sim \dfrac{1}{T}$ <br> $\lambda_{max} \cdot T = \text{const.} = a$ |
|---|---|
| $\lambda_{max}$ Wellenlänge des Strahlungsmaximums | $T$ Temperatur <br> $a = 2{,}898 \cdot 10^{-3}\ \text{m} \cdot \text{K}$ |

| Strahlungsmaximum bei verschiedenen Temperaturen | | |
|---|---|---|
| Temperatur in K | $\lambda_{max}$ in nm | Spektralbereich von $\lambda_{max}$ |
| 1 000 | 2 900 | infrarot |
| 4 000 | 720 | rot |
| 7 000 | 412 | violett |
| 10 000 | 290 | ultraviolett |
| 1 000 000 | 2,9 | Röntgenstrahlung |

## Stefan-Boltzmannsches Gesetz

| Die Gesamtstrahlungsenergie eines Körpers wächst mit der 4. Potenz seiner Temperatur. | $W_{ges} \sim O \cdot T^4$ <br> $W_{ges} = \sigma \cdot O \cdot T^4$ |
|---|---|
| $W_{ges}$ Gesamtstrahlungsenergie <br> $T$ Temperatur | $O$ Oberfläche <br> $\sigma$ Stefan-Boltzmann-Konstante |

$\sigma = 5{,}67051 \cdot 10^{-8}\ \text{W} \cdot \text{m}^{-2} \cdot \text{K}^{-4}$

Wegen $S = \dfrac{W_{ges}}{O}$

wird dies Gesetz oft in der Form

$S = \sigma \cdot T^4$      $S$ Strahlungsstrom

geschrieben.

Die von den Planckschen Kurven eingeschlossene Fläche gibt die Gesamtstrahlungsenergie an.

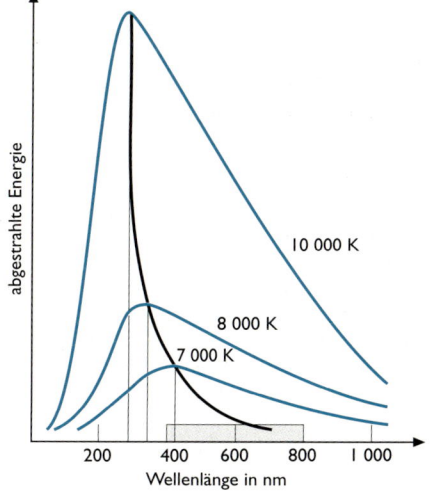

Stefan-Boltzmannsches Gesetz und Wiensches Verschiebungsgesetz

## Durchmesser

Die Sterndurchmesser reichen von 1 000 bis zu 0,000 01 Sonnendurchmesser. Sterndurchmesser können interferometrisch, durch Beobachtung von Bedeckungsveränderlichen oder aus dem Stefan-Boltzmannschen Gesetz bestimmt werden.
↗ Strahlungsgesetze, S. 114;  ↗ Veränderliche, S. 130

### Interferometrische Bestimmung der Sterndurchmesser:

Mit interferometrischen Beobachtungsmethoden gelang es, die Durchmesser der größten nahen Sterne zu ermitteln. Die Strahlung wird durch zwei Spalte oder zwei getrennte Empfänger beobachtet, deren Abstände verändert werden können. Durch Interferenzerscheinungen, die bei der Änderung der Spaltbzw. Empfängerabstände auftreten, können die Winkeldurchmesser der Strahlungsquellen bestimmt werden.

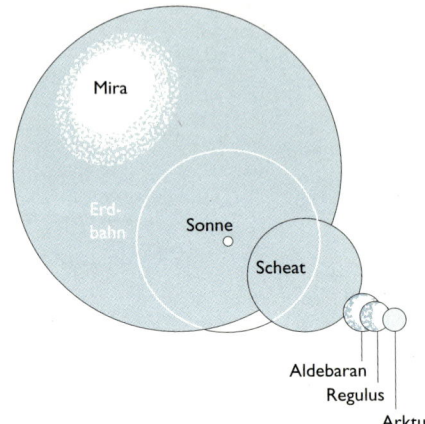

Größenvergleich einiger Sterne

**Speckle-Interferometrie.** Moderne Methode der interferometrischen Beobachtung von Sternen mit dem Ziel, Durchmesser und Oberflächenstrukturen von Sternen zu gewinnen und spektroskopische Doppelsterne optisch zu trennen. Dabei muß der Lichtweg durch die Teleskope zum Beobachtungsort bis auf Mikrometer übereinstimmen. Der „Trick" der Speckle-Interferometrie besteht darin, sehr viele Aufnahmen des Objekts anzufertigen, und jede nur ca 1/100 s zu belichten (Vermeidung atmosphärischer „Verschmierung"). Jede der 100 ... 1 000 Aufnahmen ergibt ein geflecktes, verwaschenes Bildchen (speckle, engl. = Fleckchen). Ihre Addition mit modernen Mitteln ergibt ein scharfes, detailreiches Bild.
↗ Entwicklung der Beobachtungstechnik, S. 177

| Einige interferometrisch ermittelte Sterndurchmesser | | | |
|---|---|---|---|
| Stern | Entfernung | Durchmesser | |
| | | scheinbarer in " | wahrer in Vielfachen von $D_\odot$ |
| Beteigeuze | 180 pc | 0,034 | 730 |
| Mira | 50 pc | 0,056 | 390 |
| Arktur | 11 pc | 0,022 | 28 |
| Regulus | 26 pc | 0,00138 | 3,8 |
| Wega | 8 pc | 0,0038 | 2,9 |
| Sirius | 2,7 pc | 0,0068 | 2 |
| $D_\odot$ Durchmesser der Sonne | | | |

**4**

**Bestimmung von Sterndurchmessern aus der Beobachtung von Bedeckungsveränderlichen:**

Bei Bedeckungsveränderlichen kann der Durchmesser aus der Lichtkurve ermittelt werden (Bild).

↗ Veränderliche, S. 130
↗ Doppelsterne, S. 130

Die Auswertung der Lichtkurve ergibt die Durchmesser beider Doppelsternkomponenten im Verhältnis zur Bahnlänge des Begleiters:

$$\frac{D}{U} = \frac{t_1 + t_2}{2T} \qquad \frac{d}{U} = \frac{t_1 - t_2}{2T}$$

daraus folgt: $\dfrac{D - d}{D + d} = \dfrac{t_2}{t_1}$

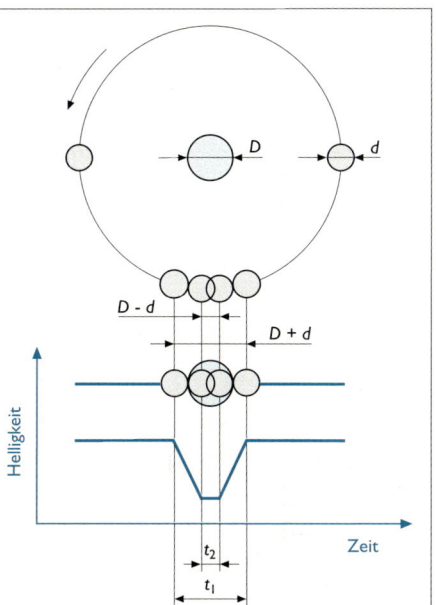

D  Durchmesser der größeren Komponente
d  Durchmesser der kleineren Komponente
U  Bahnlänge der kleineren Komponente
$t_1$  Zeitdauer, in der die Helligkeit vermindert ist
$t_2$  Zeitdauer des Helligkeitsminimums
T  Umlaufzeit des Begleiters (= Periode des Lichtwechsels)

**4**

D und d können in linearem Maß errechnet werden, wenn die mittlere Bahngeschwindigkeit des Begleiters aus periodischen Linienverschiebungen im Spektrum ermittelt werden kann (bei etwa 100 Bedeckungssternen verwirklicht).

**Bestimmung von Sterndurchmessern aus dem Stefan-Boltzmannschen Gesetz:**

| | |
|---|---|
| $D \sim \dfrac{\sqrt{L}}{T^2}$ | D  Sterndurchmesser<br>L  Leuchtkraft<br>T  Temperatur |

Auf diese Weise ist der Durchmesser D bei allen Sternen bestimmbar, deren Leuchtkraft L und Oberflächentemperatur T unabhängig vom Durchmesser ermittelt werden können.

↗ Strahlungsgesetze, S. 114

117

Sterndurchmesser streuen über einen Bereich von 8 Zehnerpotenzen.

| Sternart | Durchmesser in $D_\odot$ |
|---|---|
| Neutronenstern | $10^{-5}$ |
| Weißer Zwerg | $10^{-2}$ |
| Hauptreihenstern | $10^{-1} \dots 10$ |
| Riese | $10 \dots 10^2$ |
| Überriese | $10^2 \dots 10^3$ |

**4**

## Masse

Sternmassen streuen nur über einen relativ geringen Bereich von etwa 0,05 bis 100 Sonnenmassen.

Sternmassen können aus Doppelsternbeobachtungen und aus der Masse-Leuchtkraft-Beziehung ermittelt werden.

### Massenbestimmung bei Doppelsternen:

Die Komponenten eines Doppelsternsystems bewegen sich entsprechend den Keplerschen Gesetzen um den gemeinsamen Schwerpunkt. Aus der beobachteten Bahnbewegung kann mittels des 3. Keplerschen Gesetzes die Summe der Massen $m_1$ und $m_2$ berechnet werden:

| | |
|---|---|
| $$m_1 + m_2 = \frac{a^3}{T^2}$$ | $T$      Umlaufzeit (in a) <br> $a$      große Halbachse der Bahn des Begleitsterns relativ zum Hauptstern (in AE) <br> $m_1; m_2$ Sternmassen der beiden Komponenten des Doppelsternsystems (in Einheiten der Sonnenmasse) |

Wenn außerdem die großen Halbachsen $a_1$ und $a_2$ beider Bahnen bezüglich des Schwerpunktes des Systems ermittelt werden können, erhält man das Verhältnis der beiden Massen:

$$\frac{m_1}{m_2} = \frac{a_2}{a_1}$$

Aus den Gleichungen für $(m_1 + m_2)$ und $\frac{m_1}{m_2}$ lassen sich die Einzelmassen bestimmen.

Auf diese Weise wurden die Massen in etwa 40 Doppelsternsystemen ermittelt.

↗ Keplersche Gesetze, S. 54, 173
↗ Doppelsterne, S. 130

### Massenbestimmung mittels Masse-Leuchtkraft-Beziehung:

Für Hauptreihensterne gilt

| | |
|---|---|
| $L \sim m^{3,5}$ | Mit wachsender Masse steigt die Leuchtkraft sehr stark an. |
| $L$   Leuchtkraft <br> $m$   Masse | |

Die Massenbestimmung auf diesem Wege gelingt bei Hauptreihensternen, deren Leuchtkraft ermittelt werden konnte.

■ Verhalten sich die Massen dreier Hauptreihensterne wie 1 : 2 : 3,
so verhalten sich ihre Leuchtkräfte etwa wie 1 : 11 : 47.

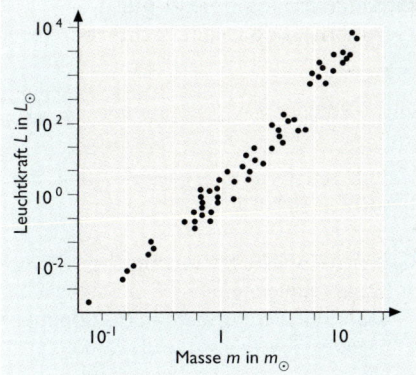

Masse-Leuchtkraft-Beziehung bei Hauptreihensternen

## Mittlere Dichte

Wenn die Masse $m$ und der Durchmesser $D$ eines Sterns bekannt sind, läßt sich die mittlere Dichte $\bar{\rho}$ berechnen.

$$\bar{\rho} = \frac{6 \cdot m}{\pi \cdot D^3}$$

Die mittlere Dichte der Sterne reicht von 0,000 000 1 g · cm$^{-3}$ (d. i. etwa 1/10 000 der Dichte der Luft an der Erdoberfläche) bis zu 1 000 000 000 000 000 g · cm$^{-3}$.

■ Volumen je 1 000 Megatonnen ($10^{12}$ kg) Masse bei verschiedenen Sternklassen

| Sternklasse | Mittlere Dichte | Volumen je $10^{12}$ kg |
|---|---|---|
| Neutronenstern | $10^{15}$ g · cm$^{-3}$ | 1 cm$^3$ |
| Weißer Zwerg | $10^{5}$ g · cm$^{-3}$ | 10 000 m$^3$ |
| sonnenähnlicher Stern | 1 g · cm$^{-3}$ | $10^{9}$ m$^3$ = 1 km$^3$ |
| Riese | $10^{-3}$ g · cm$^{-3}$ | 1 000 km$^3$ |
| Überriese | $10^{-7}$ g · cm$^{-3}$ | $10^{7}$ km$^3$ |

### Masse und mittlere Dichte ausgewählter Sterne

| Stern | Masse in $m_{\odot}$ | mittl. Dichte in g · cm$^{-3}$ |
|---|---|---|
| Beteigeuze | 15 | 0,000 000 05 |
| Arktur | 3,6 | 0,0004 |
| Spica | 11 | 0,03 |
| Sirius A | 2,2 | 0,4 |
| Prokyon | 1,8 | 0,7 |
| Atair | 1,6 | 0,9 |
| Sirius B | 1,05 | 400 000 |

4

119

### Mittlere Energieerzeugung

Strahlungsleistung (Leuchtkraft) des Sterns im Verhältnis zu seiner Masse.

| | |
|---|---|
| $\bar{\varepsilon} = \dfrac{L}{m}$ | $L$  Leuchtkraft <br> $m$  Masse |

Die mittlere Energieerzeugung der Sterne streut über sechs Zehnerpotenzen ($10^{-2} \ldots 10^4\,\varepsilon_\odot$)

### Gravitationsbeschleunigung

Beschleunigung eines frei beweglichen Körpers unter Einwirkung der Gravitationskraft in Richtung auf den Mittelpunkt eines Himmelskörpers. Berechnet sich aus

**4**

| | |
|---|---|
| $a = G \cdot \dfrac{m}{r^2}$ | $G$  Gravitationskonstante <br> $m$  Masse des Himmelskörpers <br> $r$  Abstand des fallenden Körpers vom Mittelpunkt des Himmelskörpers |

Die Gravitationsbeschleunigung an der Oberfläche der Hauptreihensterne gleicht der der Sonne. Bei Riesen und Überriesen ist sie geringer, bei Weißen Zwergen und Neutronensternen sehr viel größer.

### Spektralklasse

Die Spektren der Sterne unterscheiden sich hinsichtlich der Strahlungsintensität, die von der Wellenlänge und der Temperatur abhängt, und ihrer inneren Struktur (Anzahl, Lage, Stärke und Form der Absorptionslinien). Die verschiedenen Spektren spiegeln die unterschiedlichen physikalischen Bedingungen in den Sternatmosphären und deren chemische Zusammensetzung wider.

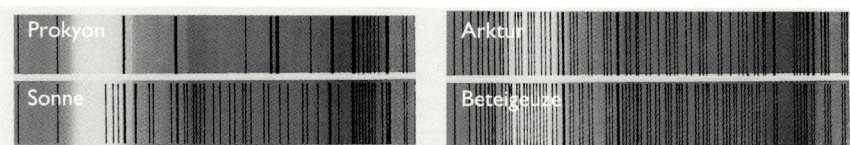

↗ Sonnenstrahlung, S. 100; ↗ Strahlungsgesetze, S. 114

Die Sternspektren werden nach abnehmender Temperatur des Sterns in Hauptklassen eingeteilt, die mit Buchstaben bezeichnet werden:

| O, B, A, F, G, K, M |
|---|
| ———————————————————→ |
| Temperatur des Sterns nimmt ab |

Jede dieser Hauptklassen (ausgenommen die Klasse O) wird in 10 Unterklassen eingeteilt, die durch Anhängen der Ziffern 0; 1 … 9 gekennzeichnet werden.

| Spektralklassen einiger Sterne | | | |
|---|---|---|---|
| Stern | Spektralklasse | Stern | Spektralklasse |
| Spica | B 1 | Sonne | G 2 |
| Wega | A 0 | Arktur | K 1 |
| Deneb | A 2 | Aldebaran | K 5 |
| Atair | A 7 | Beteigeuze | M 1 ... 2 |
| Polarstern | F 8 | Mira | M 7 |

## Magnetfeld

Magnetfelder sind bei ca. 100 Sternen vor allem der Spektralklassen B, A, F durch den Zeemann-Effekt nachgewiesen. Ihre Stärke erreicht 0,01 ... 3,4 T (das 20 ... 7000fache des allgemeinen Magnetfeldes der Sonne) und ist variabel. Schwächere Magnetfelder werden bei vielen Sternen vermutet, liegen aber unterhalb der gegenwärtigen Nachweisgrenze.

**Zeemann-Effekt.** Verbreiterung oder Aufspaltung von Linien in den Sternspektren beim Durchgang der Strahlung durch Magnetfelder. Aus der Stärke der Linienverbreiterung oder -aufspaltung kann auf die Intensität des Magnetfeldes geschlossen werden.

## Rotation

Sie wird den Sternen bei ihrer Entstehung durch die Bewegung in den interstellaren Wolken aufgeprägt. Bei den Hauptreihensternen zeigt sich eine Abhängigkeit von der Oberflächentemperatur bzw. Spektralklasse: Je höher die Temperatur, um so größer ist im allgemeinen die Rotation. Da die Sterne der „frühen" Spektralklassen (O, B, A) im Mittel jünger sind als die der „späten" Spektralklassen (K, M), kann angenommen werden, daß sie im Laufe ihrer Entwicklung Rotationsenergie verlieren, z. B. durch Korpuskularstrahlung.

Rotationsgeschwindigkeit und Spektralklasse

| Spektralklasse | Rotationsgeschwindigkeit |
|---|---|
| B | $200 ... 250 \ km \cdot s^{-1}$ |
| A | $150 ... 200 \ km \cdot s^{-1}$ |
| F | $25 ... 100 \ km \cdot s^{-1}$ |
| G, K, M | $< 25 \ km \cdot s^{-1}$ |

■ Größte beobachtete Rotationsgeschwindigkeit eines Sterns: $\varphi$ Per - 560 km $\cdot$ s$^{-1}$
↗ Spektralklasse, S. 120

Die Bestimmung der Rotation wird durch den Dopplereffekt möglich: Blicken wir senkrecht auf die Rotationsachse, bewegt sich die eine Seite des Sterns von uns weg, während sich die andere Seite auf uns zu bewegt. Die dadurch bewirkte Verschiebung der Spektrallinien macht sich im Sternspektrum als Linienverbreiterung bemerkbar. Je breiter die Linien, um so stärker die Rotation.

121

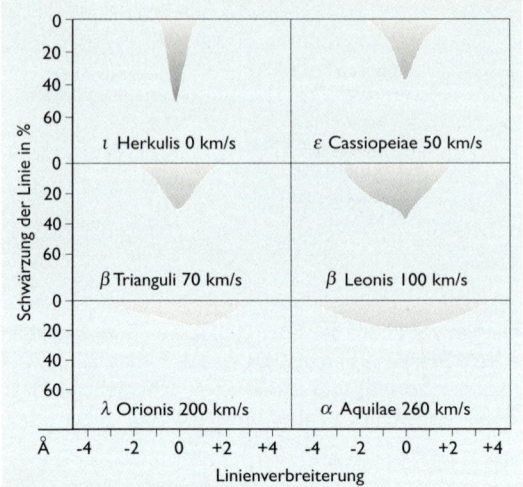

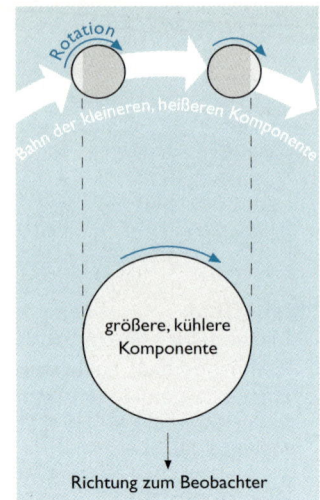

Verbreiterung der Magnesiumlinie bei $\lambda$ = 448,1 nm bei Sternen mit verschiedenen Rotationsgeschwindigkeiten

Bestimmung der Rotation bei Bedeckungsveränderlichen

Bei *Bedeckungsveränderlichen* bedeckt die eine Komponente zeitweilig die eine oder die andere Seite der zweiten Komponente. Die Verschiebung der Spektrallinien zum roten oder blauen Spektralbereich kann getrennt beobachtet werden. Da bei diesen Sternen auch die Durchmesser bestimmt werden können, läßt sich der Absolutbetrag der Rotationsgeschwindigkeit ermitteln. Dabei ließ sich die Skale der Linienverbreiterung eichen.

Blickt man unter einem Winkel < 90° auf die Rotationsachse (was der Normalfall sein wird), ist die tatsächliche Rotationsgeschwindigkeit größer als die aus der Linienverbreiterung abgeleitete.

↗ Dopplereffekt, S. 122; ↗ Bedeckungsveränderliche, S. 130
↗ Bestimmung von Sterndurchmessern, S. 116

**Dopplereffekt.** Erscheinung bei Ausbreitung und Empfang von Wellen. Ändert sich der Abstand zwischen Schall- oder Strahlungsquelle und Beobachter, so wächst die Zahl der empfangenen Wellen, wenn sich Quelle und Empfänger nähern. Sie wird geringer, wenn sich beide voneinander entfernen. Bei Annäherung werden Töne höher, Licht wird nach Blau verschoben. Bei wachsendem Abstand dagegen werden Töne tiefer und das Licht wird nach Rot verschoben.

Für die vom Beobachter empfangene Frequenz $f$ gilt

| | |
|---|---|
| $f = f_0 \left( 1 \pm \dfrac{v}{c} \right)$ | $f_0$ wahre Frequenz<br>$v$ Relativgeschwindigkeit zwischen Quelle und Empfänger |
| $v \ll c$<br>+ Nähern<br>- Entfernen | $c$ Ausbreitungsgeschwindigkeit der Welle |

Die Wellenlänge scheint sich um den Betrag $\Delta\lambda = \lambda - \lambda_0$ zu ändern, wobei gilt

| | |
|---|---|
| $\dfrac{\Delta\lambda}{\lambda_0} = \dfrac{v_r}{c}$ <br><br> $v \ll c$ | $\lambda$ empfangene Wellenlänge <br> $\lambda_0$ ausgestrahlte Wellenlänge <br> $v_r$ Radialgeschwindigkeit <br> $c$ Ausbreitungsgeschwindigkeit der Wellen |

Die von Christian Doppler (1803-1853) gefundene Erscheinung hat für die Astronomie große Bedeutung.
↗ Rotation von Sternen, S. 121
↗ Rotverschiebung, S. 111, 122, 158
↗ Entdeckung der Expansion desWeltalls, S. 180

## Chemische Zusammensetzung

Durch Spektralanalyse wurde - von seltenen Sonderfällen abgesehen - eine erstaunlich einheitliche chemische Zusammensetzung der äußeren Sternschichten gefunden:

Wasserstoff          60 ... 70 %
Helium               30 ... 40 %
schwerere Elemente   2 ... 4 %

Aus der Theorie der Sternentwicklung geht hervor, daß die chemische Zusammensetzung im Sterninnern durch Kernfusionsprozesse so verändert wird, daß weniger Wasserstoff und mehr Helium vorhanden ist.
Bei Supernovaausbrüchen können innerhalb von Sekunden Elemente schwerer als Eisen bis zum Kalifornium ($^{254}_{98}$Cf) entstehen. Durch die dabei explosionsartig abgeschleuderten Teile des Sterns wird die interstellare Materie mit schweren Elementen angereichert.
↗ Spektralanalyse, S. 123
↗ Energiefreisetzungsprozesse, S. 125, 179
↗ Sternentwicklung, S. 134, 179

**Spektralanalyse.** Methode der analytischen Auswertung von Spektren. Sie beruht auf folgenden Erkenntnissen:
- Leuchtende Gase unter nicht zu hohem Druck und nicht zu hoher Temperatur erzeugen ein Linienspektrum. Anzahl und Lage der Linien sind für jedes chemische Element charakteristisch.
- Durchläuft das Licht eines Körpers, der ein kontinuierliches Spektrum besitzt, ein kühleres Gas, so werden dem kontinuierlichen Spektrum dunkle Linien (Absorptionslinien, Fraunhofersche Linien) aufgeprägt. Ihre Zahl und Lage stimmt genau mit den Linienspektren der in dem durchlaufenen Gas enthaltenen Elemente überein. Das gestattet, diese Elemente zu identifizieren.
- Die Stärke einer Linie hängt sowohl von der Häufigkeit des betreffenden Elements als auch vom physikalischen Zustand der Materie ab.
↗ Sonnenspektrum, S. 100
↗ Spektralklasse der Sterne, S. 120
↗ Extinktion, S. 108
↗ Herausbildung der Astrophysik, S. 176

## INNERER AUFBAU DER STERNE

### Gleichgewichtszustand der Sterne

Sterne befinden sich im *mechanischen* und im *thermischen Gleichgewicht.*

### Mechanisches Gleichgewicht

> Für jeden Punkt der Gaskugel „Stern" gilt: Der nach innen gerichtete Schwere-
> druck ist absolut gleich der nach außen gerichteten Summe von Gasdruck und
> Strahlungsdruck.

### Thermisches Gleichgewicht

> Die im Sterninnern freigesetzte Energie ist gleich der von der Sternoberfläche
> in den Weltraum abgestrahlten Energie. Im Stern staut sich nirgendwo Energie
> an.

**4**

↗ Theorie des Sonnenaufbaus, S. 101

**Sternmodell.** Aus theoretischen Überlegungen berechnete Daten über den physikalischen Zustand des Sterninneren und über die Änderung dieser Daten im Laufe
der Sternentwicklung.

### Masseverteilung

Die Sternmasse ist nicht gleichmäßig im Sterninnern verteilt, sondern in Richtung zum
Sternzentrum konzentriert.

### Dichteverlauf

Infolge der ungleichen Verteilung der Masse im Stern wächst die Dichte von außen
nach innen stark an.

- Sonne: Mittlere Dichte:     $1,41 \text{ g} \cdot \text{cm}^{-3}$
  Dichte im Zentrum: $134 \text{ g} \cdot \text{cm}^{-3}$

### Temperaturverlauf

Die Temperatur steigt im Sterninnern in Richtung Sternzentrum stark an ($10^7$ K bis
$10^9$ K, Sonne ungefähr $15 \cdot 10^6$ K).
Unter diesen Bedingungen werden Kernverschmelzungsprozesse möglich, bei denen
Energie freigesetzt wird.
↗ Erforschung des Sternaufbaus, S. 177

### Druckverlauf

Der Druck steigt von Null an der Sternoberfläche gegen das Zentrum stark an. An
jedem Ort im Sterninnern ist er so groß, daß er das Gewicht der darüberliegenden
Massen gerade trägt.

- Sonne: Druck in $1/2\ R_\odot$ : $6 \cdot 10^{13}$ Pa
  Druck im Zentrum: $2\,210 \cdot 10^{13}$ Pa

## ENERGIEFREISETZUNGSPROZESSE IN STERNEN

### Kernfusion

Sterne strahlen über lange Zeiträume sehr große Energiebeträge ab. Nur atomare Prozesse sind in der Lage, über Milliarden Jahre Energie dieser Größenordnung freizusetzen.

In den Sternen verschmelzen bei hohen Temperaturen leichte Atomkerne zu schwereren. Dabei ist die Masse der gebildeten Kerne etwas geringer als die Summe der Massen der verbrauchten Atomkerne. Dieser *Massendefekt* wird entsprechend der Einsteinschen Äquivalenzbeziehung als Strahlung freigesetzt.

Die Art der Kernverschmelzung (Kernfusion) hängt von den physikalischen Verhältnissen im Stern, insbesondere von der Temperatur und von der Art der vorhandenen Teilchen ab. Die drei wichtigsten Prozesse sind
• die *Proton-Proton-Reaktion,*
• die *Helium-Reaktion,*
• der *C-N-O-Zyklus.*

**4**

### Proton-Proton-Reaktion, pp-Reaktion

Bei Temperaturen $\geq 5 \cdot 10^6$ K wird der gesamte Sternkern zu einem „Fusionsreaktor". Dabei läuft folgendes ab:

2 Wasserstoffkerne $^1$H (Protonen) vereinigen sich zu einem Deuteriumkern $^2$H. Dabei entstehen noch ein Positron e+ und ein Neutrino $\nu$, außerdem wird elektromagnetische Strahlung frei:

$$^1H + {}^1H \rightarrow {}^2H + e^+ + \nu + 2{,}30 \cdot 10^{-13} \text{ J}$$

Der Deuteriumkern $^2$H vereinigt sich mit einem weiteren Proton zu einem Heliumkern $^3$He. Dabei wird wiederum elektromagnetische Strahlung frei:

$$^2H + {}^1H \rightarrow {}^3He + 8{,}78 \cdot 10^{-13} \text{ J}$$

Jeweils 2 der auf diese Weise gebildeten $^3$He-Kerne vereinigen sich zu einem $^4$He-Kern. Dabei werden zwei Protonen und elektromagnetische Strahlung frei:

$$^3He + {}^3He \rightarrow {}^4He + {}^1H + {}^1H + 20{,}56 \cdot 10^{-13} \text{ J}$$

Hinweis: Die beiden ersten Reaktionsstufen müssen jeweils zweimal ablaufen, damit die für die letzte Reaktionsstufe benötigten Teilchen zur Verfügung stehen!

*Gesamtbilanz dieses Prozesses:*
• Vier Protonen vereinigen sich zu einem $^4$He-Kern.
• Eine Energie von $41{,}92 \cdot 10^{-13}$ J je $^4$He-Kern wird in Form von Strahlung frei.
• Zwei Neutrino verlassen den Stern.

■ Bei der Umwandlung von 1 g Wasserstoff ($6 \cdot 10^{23}$ Protonen) werden $62 \cdot 10^{10}$ J = 172 000 kW · h frei.

■ Die pp-Reaktion spielt bei der Energiefreisetzung in der Sonne eine entscheidende Rolle.

### C-N-O-Zyklus, Bethe-Weizsäcker-Zyklus

Bei Temperaturen $\geq 10^7$ K tritt neben die pp-Reaktion ein zweiter Prozeß, dessen Ergiebigkeit bei Temperaturen > 16 Millionen K größer als die des pp-Prozesses ist:

**125**

$$^{12}C + {}^1H \rightarrow {}^{13}N + 3{,}12 \cdot 10^{-13}\,J$$
$$^{13}N \rightarrow {}^{13}C + e^+ + \nu + 3{,}55 \cdot 10^{-13}\,J$$
$$^{13}C + {}^1H \rightarrow {}^{14}N + 12{,}06 \cdot 10^{-13}\,J$$
$$^{14}N + {}^1H \rightarrow {}^{15}O + 11{,}76 \cdot 10^{-13}\,J$$
$$^{15}O \rightarrow {}^{15}N + e^+ + \nu + 4{,}33 \cdot 10^{-13}\,J$$
$$^{15}N + {}^1H \rightarrow {}^{12}C + {}^4He + 7{,}94 \cdot 10^{-13}\,J$$

*Gesamtbilanz dieses Prozesses:*
- Aus 4 Protonen entsteht ein He-Kern (N- und O-Kerne sind Zwischenprodukte; der für die erste Reaktion benötigte $^{12}C$-Kern steht am Ende wieder zur Verfügung).
- Eine Energie von $40{,}0 \cdot 10^{-13}\,J$ je $^4He$-Kern wird frei (abgezogen ist die Energie der den Stern verlassenden Neutrinos).

■ Der C-N-O-Zyklus spielt im Sonnenkern ebenfalls eine Rolle.

↗ Entdeckung der Quellen für die Energiefreisetzung der Sterne, S. 179

### Helium-Reaktion, Salpeter-Prozeß, 3d-Prozeß

Bei Zentraltemperaturen $\geq 10^8$ K beginnt die Umwandlung von Helium in Kohlenstoff:
$$^4He + {}^4He \rightarrow {}^8Be - 0{,}15 \cdot 10^{-13}\,J$$
$$^8Be + {}^4He \rightarrow {}^{12}C + 11{,}84 \cdot 10^{-13}\,J$$

*Gesamtbilanz dieses Prozesses:*
- Aus drei $^4He$-Kernen (= $\alpha$-Teilchen) wird ein $^{12}C$-Kern.
- Eine Energie von $11{,}69 \cdot 10^{-13}\,J$ je $^{12}C$-Kern wird frei.

Ein kleiner Teil der $^{12}C$-Kerne reagiert mit $^4He$-Kernen. Dabei wird Sauerstoff gebildet:
$$^{12}C + {}^4He \rightarrow {}^{16}O + 7{,}87 \cdot 10^{-13}\,J$$

### Temperaturabhängigkeit der Fusionsprozesse

Die Ergiebigkeit der energieliefernden Kernprozesse hängt sehr stark von der Temperatur ab:

| Prozeß | Ergiebigkeit wächst mit |
|---|---|
| pp-Reaktion<br>C-N-O-Zyklus<br>He-Reaktion | 4. ... 6. Potenz von T<br>15. ... 20. Potenz von T<br>30. Potenz von T |

**Bildung schwererer Elemente.** Bei Temperaturen von $5 \cdot 10^8$ K ... $2 \cdot 10^9$ K laufen Fusionsprozesse ab, bei denen Magnesium und Schwefel gebildet werden:

a) *Kohlenstoffbrennen*
$$^{12}C + {}^{12}C \rightarrow {}^{23}Na + {}^1H + \gamma \rightarrow {}^{20}Ne + {}^4He + \gamma \rightarrow {}^{23}Mg + {}^1n + \gamma$$

Bei der Fusion von 2 Kohlenstoffkernen wird über die instabilen $^{23}Na$- und $^{20}Ne$-Isotope ein Magnesiumkern gebildet. 1 Neutron und elektromagnetische Strahlung werden frei.

126

b) *Sauerstoffbrennen*

$$^{16}O + ^{16}O \rightarrow ^{31}P + ^{1}H + \gamma \rightarrow ^{28}Si + ^{4}He + \gamma \rightarrow ^{31}S + ^{1}n + \gamma$$

Bei der Fusion von 2 Sauerstoffkernen wird über die instabilen $^{31}$P- und $^{28}$Si-Isotope ein Schwefelkern gebildet. 1 Neutron und elektromagnetische Strahlung werden frei.

Die bei diesen Reaktionen frei werdenden Neutronen sind für den Aufbau noch schwererer Elemente (bis Fe) wichtig, da sie elektrisch neutral sind und sich vorhandenen Kernen leichter anlagern.

↗ Sternentstehung, S. 133
↗ Sternentwicklung, S. 134, 179
↗ Sonnenstrahlung, S. 100

## Kontraktionsprozesse

Sterne decken ihre Energie fast ausschließlich aus Kernfusionen. Nur in der Phase der Sternentstehung vor Einsetzen der Kernreaktionen und in kurzen instabilen Zwischenphasen hat auch die Kontraktion Bedeutung. Bei der Kontraktion eines Protosterns wird potentielle in kinetische Energie der Partikel umgewandelt. Der Stern heizt sich dabei auf, bis Kernreaktionen einsetzen und ein quasistationärer Zustand erreicht wird. Im Laufe der Sternentwicklung treten im Sterninnern kurzzeitige Störungen des Gleichgewichts ein, wenn dort noch nicht oder nicht mehr genügend Energie freigesetzt wird. Dann sinkt dort die Temperatur und der Gravitationsdruck übersteigt den Gas- und Strahlungsdruck. Das Sterninnere kontrahiert, bis der Temperaturanstieg den Gleichgewichtszustand wieder hergestellt und eine neue Fusionsquelle erschlossen wird.

■ Ein Stern von der Masse der Sonne könnte seine Leuchtkraft nur 20 Millionen Jahre decken, wenn sie allein durch Kontraktion gespeist würde.

↗ Mechanisches Gleichgewicht, S. 124
↗ Thermisches Gleichgewicht, S. 124

## ZUSTANDSDIAGRAMME - STERNARTEN

### Hertzsprung-Russell-Diagramm (HRD)

Zustandsdiagramm der Sterne, in dem auf der Ordinate Leuchtkraft und/oder absolute Helligkeit und auf der Abszisse Temperatur und/oder Spektralklasse aufgetragen sind.

Der physikalische Zustand bestimmt die Lage des Sterns im HRD. Häufungsstellen der Sterne im HRD widerspiegeln langdauernde, relativ stabile Zustände in der Sternentwicklung.

Quer durch das HRD vom Bereich großer Leuchtkraft und hoher Temperatur bis zum Bereich geringer Leuchtkraft und niedriger Temperatur verläuft die Hauptreihe (HR), auf der sich der überwiegende Teil der Sterne findet (ca. 90%).

Oberhalb der HR liegende Sterne haben größere, unterhalb der HR liegende Sterne haben kleinere Leuchtkräfte und Durchmesser als HR-Sterne gleicher Oberflächentemperatur.

Daher werden sie als *Riesen* bzw. *Zwerge* bezeichnet.

127

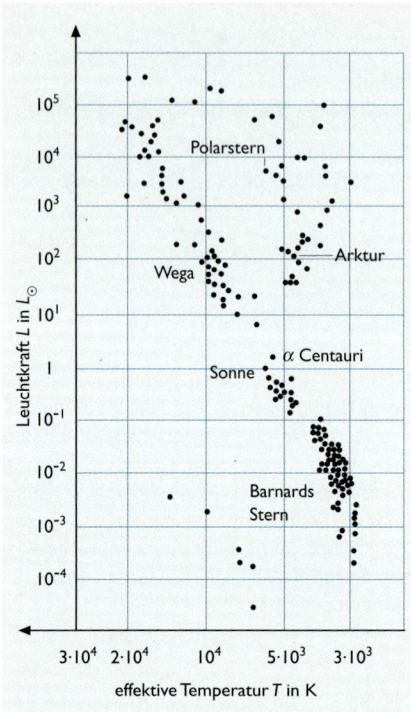

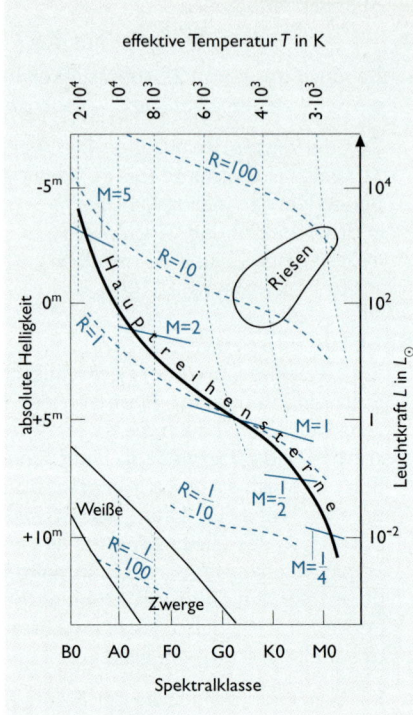

HRD für die hellsten und die nächsten Sterne

HRD mit Linien gleicher Temperatur, Masse und Durchmesser

| Sterne im HRD | |
|---|---|
| Hauptreihensterne | auf der Hauptreihe liegende Sterne |
| Riesen | Sterne der Spektralklassen G bis M, die sich von den Hauptreihensternen gleicher Spektralklassen (bzw. Temperatur) durch größere Leuchtkraft und größeren Durchmesser unterscheiden; sie liegen oberhalb der Hauptreihe |
| Überriesen | Sterne sehr großer Leuchtkraft und sehr großen Durchmessers; liegen oberhalb der Hauptreihe und des Gebietes der Riesen |
| Weiße Zwerge | Sterne geringer Leuchtkraft mit etwa Sonnenmasse und Planetendurchmesser (↗ mittlere Dichte, S. 119); liegen etwa 8 mag bis 12 mag unterhalb der Hauptreihe im Bereich der Spektralklassen B bis G |

↗ Sternentwicklung, S. 134, 179
↗ Erforschung des Sternaufbaus, S. 177

## Neutronensterne, Pulsare

Überdichte Sterne von etwa 1,4 bis 2 Sonnenmassen und Durchmessern von nur wenigen Kilometern. Sie strahlen vor allem im Radiobereich in regelmäßigen Pulsen mit Perioden von $10^{-3}$ s bis $10^1$ s.
Sie sind wegen ihrer sehr geringen Leuchtkräfte im HRD nicht verzeichnet und wurden 1967 entdeckt.
↗ Mittlere Dichte, S. 119;   ↗ Sternentwicklung, S. 134, 179

## Leuchtkraftklasse

Größe, die in Verbindung mit der Spektralklasse die Leuchtkraft eines Sterns kennzeichnet.
Das Symbol für die Leuchtkraftklasse wird der Spektralklasse hinzugefügt.

■ Die Sonne ist ein Stern der Spektralklasse G 2 und der Leuchtkraftklasse V: G 2V.

| Leuchtkraftklassen der Sterne | |
|---|---|
| Symbol | Sternklasse |
| I | Überriesen |
| II | helle Riesen |
| III | normale Riesen |
| IV | Unterriesen |
| V | Hauptreihensterne |
| VI | Unterzwerge |

**4**

## Farben-Helligkeits-Diagramm (FHD)

Dem HRD gleichwertiges Diagramm, in dem die scheinbare Helligkeit als Ordinate und der Farbenindex als Abszisse aufgetragen werden. Nutzbar bei Sternen schwacher scheinbarer Helligkeit, für die absolute Helligkeit und Spektralklasse nicht zu bestimmen sind. Wenn diese Sterne etwa gleiche Entfernung von uns haben (z. B. Sternhaufen), sind die Äste im FHD gegenüber dem HRD nur um einen bestimmten Betrag parallelverschoben.

**Farbenindex (FI).** Differenz zwischen den Sternhelligkeiten in verschiedenen Spektralbereichen:

$$FI = m_{kurzw.} - m_{langw.}, \text{ z. B. } m_{blau} - m_{gelb}$$

Der Differenzbetrag ist vom Verlauf der spektralen Intensitätskurve abhängig. Daher ist der FI ein Äquivalent für die Sterntemperatur.
Gemäß Vereinbarung gilt
FI = 0 bei AO-Hauptreihensternen.
Positiver FI:   Blauhelligkeit > Gelbhelligkeit → heißer Stern
Negativer FI:   Blauhelligkeit < Gelbhelligkeit → weniger heißer Stern
Der FI kann auch bei lichtschwachen Sternen relativ einfach und genau ermittelt werden.
↗ Hertzsprung-Russell-Diagramm, S. 127
↗ Helligkeit der Sterne, S. 107
↗ Temperatur der Sterne, S. 113
↗ Sternspektrum, S. 120
↗ Sternhaufen, S. 142
↗ Strahlungsgesetze, S. 114

## Doppelsterne

| Arten von Doppelsternen | |
| --- | --- |
| *physische Doppelsterne* | *optische Doppelsterne* |
| Sternpaar, das sich um einen gemeinsamen Schwerpunkt bewegt | zufällig in fast derselben Blickrichtung stehende Sterne mit ganz unterschiedlichen Entfernungen |

Von astronomischem Interesse sind nur die *physischen Doppelsterne.*

| Arten physischer Doppelsterne | |
| --- | --- |
| *visuelle Doppelsterne* | können in Fernrohren getrennt wahrgenommen werden |
| *spektroskopische Doppelsterne* | können auch mit den besten optischen Hilfsmitteln nur mit speziellen Methoden getrennt wahrgenommen werden (➚ Speckle-Interferometrie, S.116) werden durch periodische Verschiebungen der Linien in ihrem gemeinsamen Spektrum als Doppelsterne erkannt |
| *photometrische Doppelsterne* | werden durch charakteristische Helligkeitsänderungen als Doppelsterne erkannt |
| *astrometrische Doppelsterne* | werden aus der „Schlingerbewegung" der Bahn eines Sterns als Doppelsterne erkannt, durch die auf die Existenz eines nicht beobachtbaren Begleiters geschlossen werden kann |

### Mehrfachsterne

Mehr als zwei Sterne, die infolge der gegenseitigen Anziehung eine physikalische Einheit bilden. Oft sind einzelne Komponenten eines Mehrfachsystems *Doppelsterne.*

■ Mizar ( $\xi$UMa) bildet mit Alkor („Reiterlein"; 11'50" Abstand) und einem weiteren Stern (14,5" Abstand) einen visuellen Dreifachstern. Alle drei Komponenten sind außerdem spektroskopische Doppelsterne. Davon scheint einer wiederum ein astrometrischer Doppelstern zu sein. Damit wäre das Mizar/Alkor-System 7fach.

### Veränderliche, veränderliche Sterne

Sterne mit zeitlich veränderlicher Helligkeit, die eine Folge mehr oder weniger periodischer Veränderungen der Zustandsgrößen *(physische Veränderliche)* oder von Bedeckungseffekten *(optische Veränderliche, Bedeckungsveränderliche)* ist.
Kennzeichnung: Dem lateinischen Genetiv des Sternbildnamens werden 1 oder 2 Großbuchstaben oder ein V mit einer dreistelligen Zahl $\geq 335$ vorangestellt.)

■ T Tau; AR Cas; V357 Car

| Hauptgruppen veränderlicher Sterne | |
|---|---|
| *physische Veränderliche* | *optische Veränderliche* |
| Sterne in bestimmten Entwicklungsstadien, bei denen sich Zustandsgrößen - darunter die Helligkeit - regelmäßig, halbregelmäßig oder unregelmäßig verändern | physische Doppelsterne, deren Bahnebene in Blickrichtung verläuft, so daß sich die Komponenten periodisch bedecken (Bedeckungsveränderliche). Jede der beiden Komponenten besitzt im allgemeinen konstante Helligkeit. |

↗ Sternentwicklung, S. 134, 179
↗ Masse, S. 118, 124

| Arten von physischen Veränderlichen | |
|---|---|
| *Pulsationsveränderliche* | Pulsationen der äußeren Sternschichten verändern die Zustandsgrößen Radius, mittlere Dichte, Temperatur, Helligkeit, Spektraltyp; befinden sich in einem späten Entwicklungsstadium; liegen im HRD oberhalb der Hauptreihe |
| RR-Lyrae-Sterne | periodisch veränderliche Riesen mit Perioden von wenigen Stunden bis zu etwa 1 Tag und Helligkeitsschwankungen von 0,5 mag bis 1,5 mag |
| δ-Cephei-Sterne | periodisch veränderliche Riesen und Überriesen mit Perioden von 1 bis 100 Tagen und Helligkeitsschwankungen von etwa 1 mag |
| Mira-Sterne | periodisch veränderliche Riesen und Überriesen mit Perioden von 80 bis 1 000 Tagen sowie Helligkeitsschwankungen von 2,5 mag bis 10 mag |
| *Eruptionsveränderliche* | eruptiver Abwurf äußerer Sternschichten führt zu ein- oder mehrmaligem Helligkeitsanstieg; befinden sich in einem sehr frühen oder sehr späten Stadium ihrer Entwicklung |
| T-Tauri-Sterne | unregelmäßig Veränderliche mit raschen Helligkeitsänderungen bis 4 mag; befinden sich im Vor-Hauptreihenstadium |
| Novae | Veränderliche mit plötzlicher Helligkeitsänderung bis zu 20 mag; befinden sich wahrscheinlich in einem späten Entwicklungsstadium |
| Supernovae | selten auftretende massereiche Veränderliche mit extremen Helligkeitsänderungen von 20 mag; im Milchstraßensystem zuletzt 1604 beobachtet; nach dem Ausbruch entwickeln sich diese Sterne wahrscheinlich zu Neutronensternen oder Schwarzen Löchern |

↗ Sternentwicklung, S. 134, 179

**4**

**131**

■ Die am 23. 2. 1987 in der Großen Magellanschen Wolke entdeckte Supernova ist die erste, deren Entwicklung in allen Phasen mit moderner Forschungstechnik beobachtet werden konnte.

Lichtkurve von Mira

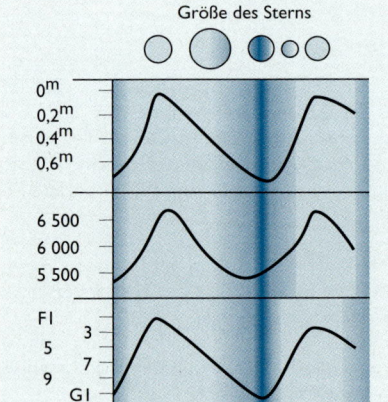

Änderung einiger Zustandsgrößen eines δ-Cephei-Sterns während einer Periode.
oben: Helligkeitsänderung
mitte: Temperatur (in K)
unten: Spektraltyp

## Perioden-Helligkeits-Beziehung

Für δ-Cephei-Sterne gilt: Je länger die Periode, desto größer die absolute Helligkeit (bzw. die Leuchtkraft).

Aus der beobachteten Periode kann auf die absolute Helligkeit (bzw. Leuchtkraft) geschlossen werden. Aus absoluter und beobachteter Helligkeit kann die Entfernung berechnet werden.

Da δ-Cephei-Sterne Riesen mit großen absoluten Helligkeiten sind, können sie auch in extragalaktischen Sternsystemen beobachtet werden. Auf diese Weise konnte die Entfernung von Sternsystemen ermittelt werden.

↗ Entfernungsbestimmung, S. 109

Perioden-Helligkeits-Beziehung für δ-Cepheiden

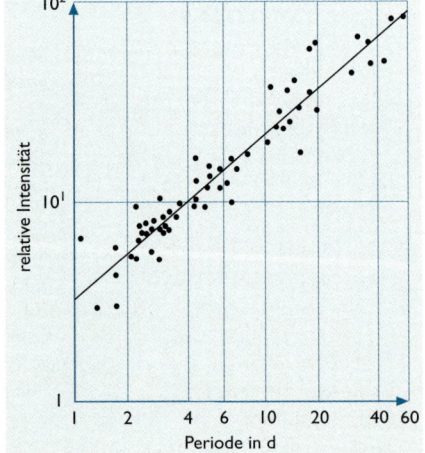

# KOSMOGONIE DER STERNE

## Sternentstehung

Sterne entstehen unter bestimmten Bedingungen in interstellaren Wolken, wenn Teile der Wolke unter der Wirkung der Eigengravitation zu kontrahieren beginnen. Dabei wird potentielle in kinetische Energie umgewandelt. Mit wachsender Dichte steigen die Temperatur und der Gasdruck in der kontrahierenden Gasmasse, insbesondere in ihren Zentralgebieten.

Die Kontraktionsphase ist um so kürzer, je größer die kontrahierende Gasmasse ist. Erreicht die Temperatur im Zentralgebiet etwa $5 \cdot 10^6$ K, so setzen Kernreaktionen ein.

Der entstandene Himmelskörper hat sich zu einem Hauptreihenstern entwickelt. Im HRD liegt sein Bildpunkt an der Stelle der Hauptreihe, die seiner Masse entspricht.

↗ Gleichgewichtszustand der Sterne, S. 124
↗ Energiefreisetzungsprozesse in Sternen, S. 125, 179
↗ Hertzsprung-Russell-Diagramm, S. 127
↗ Interstellare Materie, S. 9, 144

**4**

| Abhängigkeit der Dauer der Kontraktion, der erreichten Oberflächentemperatur und der Spektralklasse bei der Sternentstehung von der Masse | | | |
|---|---|---|---|
| Masse (in Sonnenmassen) | ungefähre Zeitdauer bis zur Entwicklung zum Hauptreihenstern (in $10^6$ Jahren) | ungefähre Oberflächentemperatur | Spektralklasse |
| | | des entstehenden Sterns | |
| 0,65 | 150 | 4 400 K | K 3 |
| 1,00 | 30 | 5 850 K | G 1 |
| 1,55 | 8 | 7 500 K | F 0 |
| 2,29 | 3 | 9 300 K | A 3 |

## Doppelsternentstehung

Sterne entstehen fast immer in Haufen. Verbleiben davon 2 im gegenseitigen Anziehungsbereich, so bewegen sie sich um den gemeinsamen Schwerpunkt und bilden ein Doppelsternsystem.

In ähnlicher Weise entstehen Mehrfachsternsysteme. Bei ihnen sind die Bewegungsverhältnisse komplizierter.

↗ Physische Doppelsterne, S. 130;   ↗ Mehrfachsterne, S. 130

## Planetenentstehung bei Sternen

Eine rasch rotierende kontrahierende Wolke interstellarer Materie flacht ab. Aus der zentralen, massereichen Verdichtung dieser Scheibe könnte ein Stern, aus masseärmeren Verdichtungen außerhalb des Zentrums könnten weitere Himmelskörper (Planeten, Monde) entstehen. Gemäß diesem Szenarium dürften Planetensysteme um Sterne nicht selten sein.

Bei Abkühlung außerhalb des heißen Zentrums der Scheibe kondensieren immer mehr Stoffe. Die Staubteilchen und Kondensate klumpen bei Zusammenstößen all-

**133**

mählich zu größeren Brocken (Planetesimals) zusammen. Bei der Vereinigung von Planetesimals heizt sich der Protoplanet unter der Wirkung des Gravitationsdruckes und durch radioaktive Prozesse auf. Durch Absinken der schweren Bestandteile (Fe, Ni) tritt eine Differentiation des Materials ein.

Restmaterial der Scheibe, das nicht für den Bau von Planeten und Monden verbraucht wurde, bleibt frei im Planetensystem erhalten (Kometen, Planetoiden, Meteorite).

↗ Entstehung des Sonnensystems, S. 96

## Sternentwicklung

Die Energiefreisetzung führt zu irreversiblen Veränderungen im Stern. Er durchläuft 3 Entwicklungsphasen:

• das *Hauptreihenstadium,*
• das *Riesenstadium* und
• ein *Spätstadium.*

**4**

| Hauptstadien der Sternentwicklung | |
|---|---|
| *Hauptreihenstadium* | Energiefreisetzung durch Umwandlung von Wasserstoff in Helium im Kerngebiet des Sterns (pp-Reaktion, C-N-O-Zyklus) längste Entwicklungsphase jedes Sterns; Verweilzeit auf der Hauptreihe hängt von der Masse (d. h. vom Wasserstoffvorrat im Kerngebiet) und von der Leuchtkraft ab nach Erschöpfung des Wasserstoffvorrates im Zentralgebiet Schrumpfung des Kerns, Temperaturanstieg auf ungefähr $10^8$ K infolge Umwandlung von potentieller in kinetische Energie |
| *Riesenstadium* | Energiefreisetzung durch Umwandlung von Helium in Kohlenstoff und andere Elemente im Kerngebiet des Sterns (Helium-Reaktion), Fortsetzung der pp-Reaktion in einer Kugelschale um den an Wasserstoff ausgebrannten Kern, Aufblähen der äußeren Hülle, Verweilzeit im Riesenstadium kürzer als im Hauptreihenstadium, Durchlauf von Phasen, in denen der Stern als Veränderlicher in Erscheinung tritt |
| *Spätstadien* | nach Erschöpfen aller Kernenergiequellen wird der Stern in Abhängigkeit von seiner Restmasse zu einem *Weißen Zwerg,* einem *Neutronenstern* oder einem *Schwarzen Loch* |

↗ Masse, S. 124; ↗ Weißer Zwerg, S. 134
↗ Energiefreisetzungsprozesse in Sternen, S. 125, 179
↗ Hertzsprung-Russell-Diagramm, S. 127
↗ Veränderliche, S. 130; ↗ Neutronenstern, S. 129
↗ Massebestimmung mittels Masse-Leuchtkraft-Beziehung, S. 118
↗ Ausarbeitung einer Theorie zur Sternentwicklung, S. 179

## Schwarzes Loch

Vermuteter Himmelskörper mit extrem hoher Dichte und einem sehr hohen Gravitationsfeld in seiner Umgebung. An der Oberfläche herrscht eine so starke Schwerebeschleunigung, daß weder Teilchen noch elektromagnetische Strahlung das Objekt verlassen können. Schwarze Löcher können auf direktem Wege nicht nachgewiesen werden.

Nach der Theorie entstehen solche Gebilde im Spätstadium der Sternentwicklung. Sie gehen aus Sternen hervor, die mindestens eine Masse von etwa 2 ... 2,5 Sonnenmassen besitzen.

## Entwicklung von Leben im Kosmos

Unter der Annahme einer natürlichen Evolution des Lebens ist eine chemische Selbstorganisation als Vorstufe der biologischen Evolution zu vermuten.

**Voraussetzungen.** Die wesentlichsten Bedingungen für die Entwicklung von Leben im Kosmos sind:

* Vorhandensein organischen Ausgangsmaterials. Ist in vielfältiger Weise erwiesen.
* Existenz von Planeten bei einem geeigneten Hauptreihensystem.
  Dieser Stern darf nicht zu massereich sein, weil seine Entwicklung sonst zu rasch für den zur Evolution von Leben notwendigen Zeitraum verläuft. Andererseits darf er nicht zu massearm sein, damit seine Leuchtkraft zur Erwärmung wenigstens der ihm nächststehenden Planeten ausreicht. Diese Bedingungen werden am besten von HR-Sternen der Spektralklasse G und der angrenzenden Bereiche der Spektralklassen F und K erfüllt.
* Verhältnisse, unter denen sich auf anorganischem Wege Nukleinsäuren und Proteine bilden können (kosmische Strahlung, Blitze, UV-Strahlung). Anstelle von Kohlenstoffverbindungen sind auch Siliciumverbindungen denkbar (bei höheren Temperaturen).
* Existenz von Wasser. Unter bestimmten Umständen sind auch andere Lösungsmittel denkbar, bei niedrigen Temperaturen z. B. Ammoniak.
* Vorhandensein einer Atmosphäre mit den für die Entwicklung und Erhaltung des Lebens notwendigen und nicht zu vielen lebensfeindlichen Bestandteilen.
* Temperaturbereich, bei dem die hochmolekularen Kohlenstoff-(Silicium-)Verbindungen lebensfähig und aktiv bleiben (etwa -25°C ... +70°C) („Ökosphäre").

**Arten kosmischen Lebens.** Außerirdische Lebensformen unterscheiden sich von den irdischen wahrscheinlich wesentlich. Nach gegenwärtigen Erkenntnissen ist Leben vor allem an Kohlenstoff, Sauerstoff, Wasser gebunden. Unter anderen Bedingungen sind auch andere Trägerstoffe denkbar (Silicium, Ammoniak), die in einer anderen Form von Leben Funktionen zu seiner Entwicklung und Erhaltung übernehmen.

## Häufigkeit kosmischen Lebens. Drakesche Gleichung

Frank D. Drake (geb. 1930), Radioobservatorium Green Bank, West Virginia (USA), faßte 1961 mit 10 anderen Teilnehmern einer Tagung über extraterrestrisches Leben die *Bedingungen für die Existenz hochorganisierten Lebens und der Kontaktaufnahme mit ihr* zusammen:

**Drakesche Gleichung
(Sagan-Drake-Gleichung, Green-Bank-Gleichung)**
$$N = R \cdot k_1 \cdot n_1 \cdot k_2 \cdot k_3 \cdot k_4 \cdot n_2$$

Darin bedeuten

$N$ Anzahl der technisch entwickelten Zivilisationen im Milchstraßensystem

$R$ Anzahl der sonnenähnlichen Sterne im Milchstraßensystem

$k_1$ Anteil der Sterne von $R$ mit Planetensystemen

$n_1$ Anzahl der Planeten in einem Planetensystem $k_1$, die die ökologischen Voraussetzungen für die Entwicklung und Fortdauer von Leben besitzen

$k_2$ Anteil der von $n_1$ tatsächlich belebten Planeten

$k_3$ Anteil der Planeten von $k_2$, die von intelligenten Wesen bewohnt werden

$k_4$ Anteil von $k_3$, auf denen hochtechnisierte Zivilisationen mit der Möglichkeit zur Kommunikation mit entfernter fremder Intelligenz existieren

$n_2$ mittlere Existenzdauer der $k_4$-Zivilisationen

Jeder Faktor in der Drakeschen Gleichung schränkt die vorhergehenden ein. Die Abschätzungen der Werte dieser Faktoren streuen in weiten Bereichen. Sie hängen bei einigen ($k_2$, $k_3$, $k_4$, $n_2$) stark von subjektiven Auffassungen ab. So reichen die individuellen Schlüsse aus der Drakeschen Gleichung von allein auf der Erde vorhandenem (intelligenten) Leben bis zu großer Häufigkeit solchen Lebens.

**4**

## Bedingungen einer Kontaktaufnahme

- Die gesuchte Intelligenz muß existieren (Drakesche Gleichung).
- Sie muß zum Zeitpunkt des Empfanges der irdischen Signale technisch in der Lage und willens sein, sie zu erkennen, zu identifizieren und zu beantworten (Faktoren $k_4$ und $n_2$ der Drakeschen Gleichung).
- Sie muß sich in einem Abstand befinden, in dem die empfangenen Signale (deren Intensität mit dem Quadrat des Abstandes abnimmt) noch als künstlich erkannt werden.

  Die Antwort müßte zu einem Zeitpunkt eintreffen, zu dem die irdische Intelligenz noch existiert.

## Alter der Sterne

Zeit, die seit dem Erreichen des Hauptreihenstadiums vergangen ist.

## Altersbestimmung bei Sternen

Vergleich von Leuchtkraft und Masse ergibt eine obere Grenze für die Dauer des Aufenthaltes im Hauptreihenstadium ($t_{HR}$). Befindet sich der Stern noch auf der Hauptreihe des HRD, so hat er dieses Grenzalter noch nicht erreicht. (Um wieviel jünger er ist, kann nur in besonderen Fällen  festgestellt werden.

↗ Altersbestimmung bei Sternhaufen, S. 137)

Hat er die Hauptreihe bereits verlassen, ist sein Alter größer als $t_{HR}$.

$$t_{HR} \sim \frac{\text{Energievorrat (Masse)}}{\text{Strahlungsleistung}} \sim \frac{m}{L} \qquad L \sim m^{3,5}$$

↗ Masse-Leuchtkraft-Beziehung, S. 118

$$t_{HR} \sim m^{-2,5}$$

Da die Bedingungen für die Energieumsetzung nur im Sterninnern gegeben sind, ist für den Energievorrat nur etwa 10 % der Sternmasse anzusetzen.

> Jeder Sternmasse entspricht eine maximale Verweilzeit $t_{HR}$ auf der Hauptreihe. Sie ist um so kleiner, je größer die Sternmasse ist.

↗ Masse, S. 124
↗ Massenbestimmung mittels Masse-Leuchtkraft-Beziehung, S. 118

- Die Sonne hat ein Alter von 4 bis 5 Milliarden Jahren. Massereichere Sterne, die sich noch im Hauptreihenstadium befinden (z. B. Sirius und Spica), müssen später als die Sonne entstanden sein, da die ihrem Bildpunkt im HRD zugehörige Verweilzeit auf der Hauptreihe kleiner als das Alter der Sonne ist.

> Die Sternentstehung ist kein einmaliger Prozeß, sondern dauert im Milchstraßensystem seit mehreren Milliarden Jahren an.

**4**

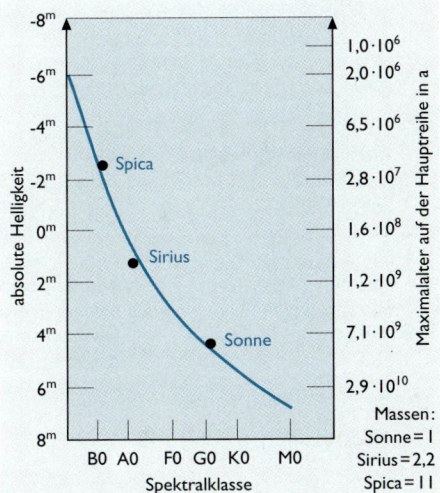

HRD mit Hauptreihe und Linien gleichen Alters sowie mit einigen eingezeichneten Hauptreihensternen

### Altersbestimmung bei Sternhaufen

Die Mitgliedsterne von Sternhaufen sind praktisch gleichzeitig und mit gleicher chemischer Zusammensetzung entstanden und befinden sich in nahezu gleicher Entfernung von uns. Da sie unterschiedliche Massen besitzen, entwickeln sie sich unterschiedlich rasch. Die massereichsten Sterne verlassen die Hauptreihe bereits, während sich die masseärmeren noch auf der Hauptreihe befinden. Die Grenzstelle zwischen den bereits von der Hauptreihe abgewanderten und den noch auf der Hauptreihe befindlichen Sternen eines Haufens heißt *Abknickpunkt*.

Das dem Abknickpunkt entsprechende Alter $t_{HR}$ ist gleich dem Alter aller Sterne des Haufens.

137

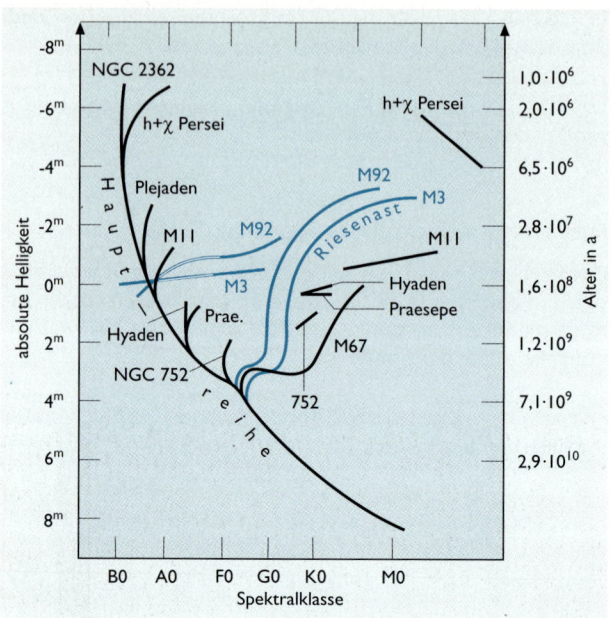

HRD von Sternhaufen

| Alter von Sternhaufen | | |
| --- | --- | --- |
| Bezeichnung | Art des Haufens | ungefähres Alter |
| *h* und *χ*Per | offener Sternhaufen | $3 \cdot 10^6$ a |
| Plejaden | offener Sternhaufen | $10^8$ a |
| Hyaden | offener Sternhaufen | $1,2 \cdot 10^9$ a |
| M 92 | Kugelsternhaufen | 5 bis $7 \cdot 10^9$ a |
| M 3 | Kugelsternhaufen | 6 bis $8 \cdot 10^9$ a |

↗ Sternhaufen, S. 137, 142

Alle Altersbestimmungen führten zu dem Ergebnis, daß zwar viele Himmelskörper jünger, keiner jedoch älter als etwa $12 \cdot 10^9$ bis $15 \cdot 10^9$ Jahre ist.

↗ Weltalter, S. 160
↗ Altersbestimmung kosmischer Prozesse, S. 161
↗ Urknall, S. 161

# Sternsysteme

## MILCHSTRASSENSYSTEM

### Milchstraßensystem, Galaxis

Das Sternsystem, in dem sich die Sonne als einer von etwa 200 Milliarden Sternen befindet.

### Milchstraße

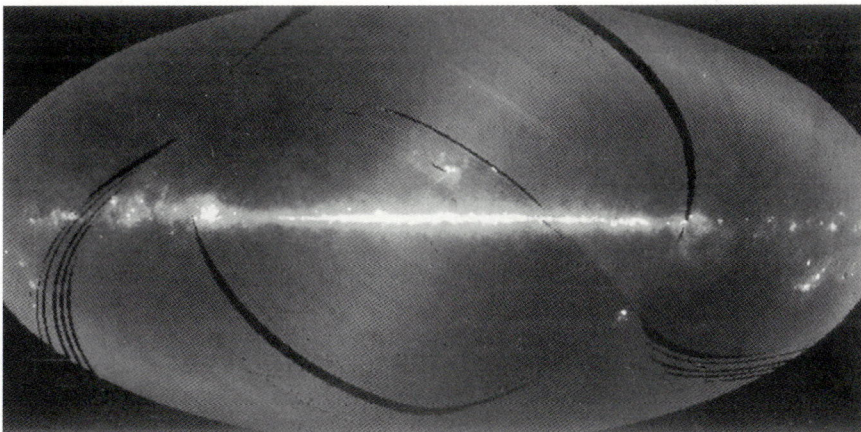

Milchstraße

Schwach leuchtendes Band mit unregelmäßiger Begrenzung, das die Himmelskugel längs eines größten Kreises umspannt. Bei Beobachtung mit einem Fernrohr löst sich die Milchstraße in eine Vielzahl von Sternen auf. Alle Objekte der Milchstraße gehören dem Milchstraßensystem an.

Aufbau des Milchstraßensystems.
Ein sehr kompakter Kern wird von der Scheibe umgeben. Beide sind in den Halo eingebettet. Das ganze System wird von einer ausgedehnten Hülle aus nichtleuchtender Materie umgeben.

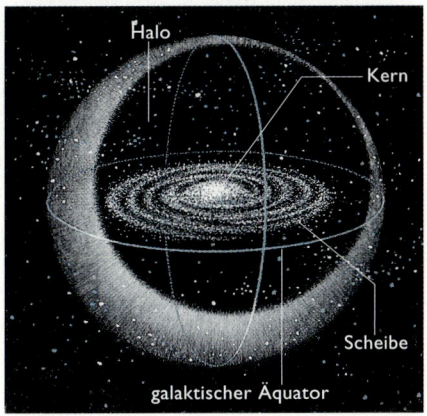

139

## Aufbau des Milchstraßensystems

| Kern | Durchmesser ≈ 5 kpc, intensive Radio- und Infrarotquelle, optisch wegen vorgelagerter Dunkelwolken unbeobachtbar |
|---|---|
| Scheibe (umschließt den Kern) | Durchmesser ≈ 30 kpc, Dicke in Kernnähe ≈ 5 kpc, Dicke in den äußeren Bereichen ≈ 1 kpc. Besteht aus mehreren, in nahezu einer Ebene angeordneten Spiralarmen, die durch helle, heiße Sterne, offene Sternhaufen und interstellare Materie markiert werden. Zwischen den Spiralarmen befinden sich Sterne mit geringerer Leuchtkraft. |
| Halo (umschließt Kern und Scheibe) | fast kugelförmig, Durchmesser ≈ 50 kpc. Besteht vor allem aus kugelförmigen Sternhaufen und veränderlichen Sternen vom Typ RR Lyrae. |
| Korona (umschließt Kern, Scheibe und Halo) | nichtleuchtende Materie, Durchmesser wahrscheinlich größer als 120 kpc |

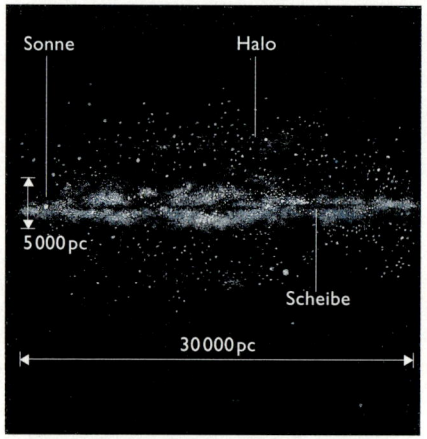

Seitenansicht des Milchstraßensystems

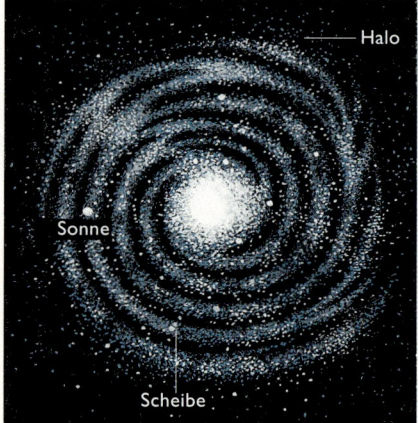

Draufsicht auf das Milchstraßensystem

**Spiralstruktur.** Von der Erde aus kann die Spiralstruktur des Milchstraßensystems nur zu einem kleinen Teil überschaut werden. Wesentliche Erkenntnisse über die Spiralstruktur des Milchstraßensystems wurden durch Beobachtungen im Radiobereich gewonnen.

Bisher wurden drei in Sonnennähe verlaufende Teile von Spiralarmen festgestellt.

| Sagittariusarm | in Richtung zum Sternbild Schütze (lat. Sagittarius); er verläuft zwischen der Sonne und dem Kern des Milchstraßensystems |
| Orionarm | an seinem Rande befindet sich die Sonne, etwa 10 kpc vom Zentrum des Milchstraßensystems entfernt |
| Perseusarm | er verläuft etwa 2 kpc außerhalb des Orionarms |

Der mittlere Abstand der Spiralarme voneinander beträgt (in Sonnenentfernung vom Zentrum des Milchstraßensystems) 1,5 kpc.

| Ort der Sonne im Milchstraßensystem | |
| --- | --- |
| Entfernung vom Zentrum | etwa 8,5 kpc |
| Entfernung von der Milchstraßenebene | 15 pc nördlich |
| Richtung von der Sonne zum Zentrum | zu den Sternbildern Schlangenträger und Schütze |
| Richtung von der Sonne entgegen dem Zentrum | zu den Sternbildern Fuhrmann und Stier |

| Angaben zum Milchstraßensystem | | |
| --- | --- | --- |
| Durchmesser | Korona | etwa 120 kpc |
| | Halo | etwa 50 kpc |
| | Scheibe | etwa 30 kpc |
| | Kern | etwa 5 kpc |
| Masse | Sterne | etwa $10^{12}$ Sonnenmassen |
| | interstellare Materie | etwa $10^{10}$ Sonnenmassen |
| mittlere Dichte | | etwa 0,15 Sonnenmassen je $pc^3$ $\cong 10^{-23}$ g · cm$^{-3}$ |
| Gesamtleuchtkraft | | etwa $2,5 \cdot 10^{10}$ Sonnenleuchtkräfte $\cong 10^{37}$ W |
| absolute Helligkeit | | $-20,5^m$ |

↗ Spekulation und erste Untersuchungen zum Bau des Milchstraßensystems, S. 175
↗ Erkundung der Struktur der Galaxis, S. 180
↗ Mittlere Dichte, S. 119
↗ Absolute Helligkeit, S. 107

### Sternhaufen

Ansammlung von Sternen annähernd gleichen Alters und gleichen Entstehungsortes im Raum; an der Himmelskugel in vielen Fällen durch ihre hohe Sterndichte leicht zu erkennen. Sternhaufen finden sich im Milchstraßensystem und in anderen Galaxien. Einteilung der Sternhaufen:

- Sternassoziationen,
- Bewegungssternhaufen,
- offene Sternhaufen
- kugelförmige Sternhaufen, Kugelhaufen

### Sternassoziationen

Sternhaufen mit sehr geringer Sterndichte. Die Zusammengehörigkeit ihrer Sterne ist an der Übereinstimmung der Sternspektren zu erkennen. Sternassoziationen gehören zu den jüngsten Objekten im Milchstraßensystem.

| Typ | Mitglieder | Alter |
|---|---|---|
| T-Assoziationen | veränderliche Sterne vom Typ T Tauri | $10^5$ bis $10^7$ Jahre |
| OB-Assoziationen | junge O- und B-Sterne | $10^6$ bis $10^7$ Jahre |

■ Die drei „Gürtelsterne" im Sternbild Orion gehören zu einer ausgedehnten OB-Assoziation.

### Bewegungssternhaufen

Sterne, deren Zusammengehörigkeit an ihrer gemeinsamen (gleich schnellen und gleich gerichteten) Bewegung im Raum erkennbar ist. Sie erscheinen wegen zu geringer Sterndichte meist äußerlich nicht als Sternhaufen.

■ Die Sterne des Ursa-Maior-Haufens erscheinen wegen der geringen Entfernung dieses Haufens über die ganze Himmelskugel verteilt. Zu ihm gehören 5 Sterne des Sternbildes Großer Bär.

### Offene Sternhaufen

Ansammlung von bis zu einigen hundert gleich alten Sternen. Sie fallen an der Himmelskugel durch eine erhöhte Sterndichte auf, zeigen aber eine geringe Konzentration gegen das Haufenzentrum.

| Masse | 100 bis 1 000 Sonnenmassen |
|---|---|
| Wahrer Durchmesser | 1 pc bis 20 pc |
| Scheinbarer Durchmesser | 0,5' bis 1° (Ausnahmen: Plejaden 1,7°; Hyaden 7°) |
| Räumliche Sterndichte | 2 bis 500 Sonnenmassen je $pc^3$ |
| Gesamtanzahl im Milchstraßensystem | etwa 18 000 (vermutet) |

Die offenen Sternhaufen befinden sich fast ausnahmslos sehr nahe der Mittelebene des Milchstraßensystems. Sie sind nicht stabil, sondern lösen sich allmählich auf. Die heute existierenden offenen Sternhaufen können im allgemeinen nur zwischen $10^8$ und $10^9$ Jahre alt sein; sie gehören zu den jüngsten Objekten im Milchstraßensystem.

■ Bekannte offene Sternhaufen befinden sich in den Sternbildern Stier (Plejaden - auch Siebengestirn genannt - und Hyaden) und Krebs (Praesepe - auch Krippe genannt).
↗ Aufbau des Milchstraßensystems, S. 140
↗ Alter von Sternhaufen, S. 142

Zwei offene Sternhaufen im Sternbild Perseus    Kugelförmiger Sternhaufen im Herkules

**5**

## Kugelförmige Sternhaufen, Kugelhaufen

Ansammlungen von $10^5$ bis $10^8$ Sternen, die an der Himmelskugel als Gebiete sehr hoher Sterndichte zu sehen sind. Sie sind kugelsymmetrisch und stark gegen das Haufenzentrum konzentriert.

| | |
|---|---|
| Wahrer Durchmesser | 10 pc bis 200 pc |
| Scheinbarer Durchmesser | 0,4' bis 25' |
| Räumliche Sterndichte im Zentrum | bis $10^4$ Sonnenmassen je $pc^3$ |
| Gesamtanzahl im Milchstraßensystem | mehr als 120 |
| Leuchtkraft | etwa $10^5$ Sonnenleuchtkräfte = $4 \cdot 10^{31}$ W |

Die kugelförmigen Sternhaufen umgeben in Form einer nahezu kugelförmigen Wolke (Halo) das Milchstraßensystem. Sie gehören zu den ältesten Gebilden im Milchstraßensystem; ihr Alter liegt zwischen $10 \cdot 10^9$ und $15 \cdot 10^9$ Jahren.
Auch in anderen, außergalaktischen Sternsystemen wurden kugelförmige Sternhaufen gefunden.

143

■ Ein unter günstigen Beobachtungsbedingungen mit dem bloßen Auge sichtbarer kugelförmiger Sternhaufen befindet sich im Sternbild Herkules.
↗ Aufbau des Milchstraßensystems, S. 140

## Interstellare Materie

Stoffe und Felder im Raum zwischen den Sternen in einem Sternsystem. Im engeren Sinne versteht man unter interstellarer Materie Gas- und Staubmassen unterschiedlicher Dichte und Ausdehnung.

Gas und Staub kommen in der interstellaren Materie meist gemeinsam vor, der Staubanteil beträgt im Mittel 1 Massenprozent.

In einem Volumen von der Größe der Erde ist im Mittel nur 1 kg interstellare Materie enthalten.

■ Im Milchstraßensystem ist die interstellaren Materie in einer nur 300 pc mächtigen, also relativ dünnen Schicht in der Mittelebene der Scheibe angeordnet und in den Spiralarmen konzentriert. Auch in außergalaktischen Sternsystemen ist interstellare Materie vorhanden.
↗ Aufbau des Milchstraßensystems, S. 140

**5**

## Interstellares Gas

Teil der interstellaren Materie.

| | |
|---|---|
| Zusammensetzung | Elektronen, Ionen, Atome (etwa 75 % Wasserstoff, etwa 23 % Helium); an manchen Stellen auch Moleküle (u. a. $H_2$, $H_2O$, $SO_2$, CO, HCN, $H_2S$, $C_2H_5OH$) |
| | Die Moleküle entstammen dem geringen Prozentsatz an schweren Elementen. Dennoch haben sie entscheidende Bedeutung für die Entstehung von Sternen und Planeten. |
| Dichte | in der näheren Sonnenumgebung etwa $10^{-24}$ g · cm$^{-3}$ (im Mittel 1 Teilchen je cm$^3$; in dichten Wolken $10^4$ Teilchen je cm$^3$) |
| Zustandsformen | **Diffuse Wolken** *Neutraler Wasserstoff.* Die mittlere Teilchengeschwindigkeit entspricht einer Temperatur von etwa 80 K; die Wolken haben Durchmesser zwischen 1 pc und 100 pc. *Ionisierter Wasserstoff.* Die Temperaturen liegen bei 8 000 K bis 10 000 K. Diese Wolken nehmen etwa 5 % des Volumens der Galaxis ein. **Molekülwolken** umfassen etwa 50 % der Masse der interstellaren Materie. Sie bestehen vorwiegend aus molekularem Wasserstoff, haben typische Durchmesser um 40 pc und Temperaturen um 10 K. Außer Wasserstoff enthalten sie Verbindungen von H, C, N, O, Si, S und einigen anderen Elementen. Molekülwolken sind die Gebiete, in denen Sterne entstehen. |

**Zwischenwolkengas**

*Neutrales Zwischenwolkengas.* Die diffusen Wolken und die Molekülwolken sind in ein diffuses Zwischenwolkengas eingebettet, das die Expansion dieser Wolken verhindert. Es umfaßt etwa 25 % der Masse der interstellaren Materie; seine Temperatur liegt zwischen $10^3$ K und $10^4$ K.

*Ionisiertes Zwischenwolkengas.* Bei der Explosion einer Supernova werden Gasmassen abgeschleudert, die das neutrale Zwischenwolkengas durch Stöße ionisieren. Das ionisierte Gas hat Temperaturen zwischen $10^5$ K und $10^7$ K.
In der Sonnenumgebung umfaßt sein Anteil an der Masse der interstellaren Materie weniger als 0,1 %.

| | |
|---|---|
| Erscheinungsformen | *Optisch leuchtend,* wenn die Gasatome durch energiereiche Strahlung benachbarter heißer Sterne zum Aussenden von Licht angeregt werden.<br>Man beobachtet einen *leuchtenden Nebel (Emissionsnebel* genannt, weil die Zerlegung seines Lichtes ein *Emissionslinienspektrum* ergibt).<br><br>*Optisch nicht leuchtend,* jedoch nachweisbar durch Absorptionslinien in den Spektren dahinter befindlicher Sterne und beobachtbar mit Radioteleskopen, da der Wasserstoff und die meisten Moleküle Radiostrahlung aussenden. |

**5**

## Interstellarer Staub

Teil der interstellaren Materie.

| | |
|---|---|
| Zusammensetzung | noch unbekannt, wahrscheinlich zum Teil Silicatteilchen |
| Mittlere Dichte | $10^{-26}$ g $\cdot$ cm$^{-3}$ |
| Mittlere Teilchengröße | 0,1 μm |
| Temperatur | 10 K bis 20 K |
| Erscheinungsformen | *Optisch leuchtend,* wenn die Staubteilchen durch das Licht benachbarter Sterne angestrahlt werden. Man beobachtet einen *leuchtenden Nebel (Reflexionsnebel);* bei Zerlegung seines Lichtes ergibt sich das Spektrum des Sternlichtes, also ein *kontinuierliches Spektrum* mit *Absorptionslinien.*<br><br>*Optisch nichtleuchtend.* Sehr dichte und ausgedehnte Staubwolken absorbieren so viel Licht der dahinter befindlichen Sterne, daß sie als Dunkelwolken in Erscheinung treten.<br>Staubmassen geringerer Ausdehnung schwächen, streuen und röten das hindurchtretende Licht.<br>Von Staubmassen in der Umgebung eines Sterns ausgesandte *Infrarotstrahlung* kann beobachtet werden. |

145

## Kosmische Strahlung

Teil der interstellaren Materie.

| | |
|---|---|
| Zusammensetzung | 90 % Protonen, 9 % Heliumkerne, 1 % andere Atomkerne |
| Herkunft | zum Teil von der Sonne, zum Teil von Supernova-Ausbrüchen, zum Teil möglicherweise aus anderen (außergalaktischen) Sternsystemen |
| Besondere Eigenschaften | außerordentlich hohe Teilchenenergien ($10^3$ MeV bis $10^{14}$ MeV = $10^{-4}$ J bis $10^7$ J je Teilchen) |
| Beobachtungsmöglichkeiten | Die *Primärstrahlung* (eigentliche kosmische Strahlung) ist nur außerhalb der dichten Schichten der Erdatmosphäre (von künstlichen Erdsatelliten und Raumstationen aus) zu beobachten. Beim Zusammenstoß eines Teilchens mit einem Teilchen der Erdatmosphäre entsteht eine *Sekundärstrahlung*, die zum Teil bis zur Erdoberfläche gelangt und hier registriert werden kann. |

**5**

## Bewegungen der Sterne

Veränderungen der Lage der Sterne im Milchstraßensystem.

| Bewegungen der Sterne | | |
|---|---|---|
| Individualbewegung | | Bewegung um das Zentrum des Milchstraßensystems |
| unregelmäßig | geordnet | |

## Beobachtung der Bewegungen der Sterne

Die Raumbewegungen können nicht unmittelbar gemessen werden. Man kann nur die Eigenbewegung und die Radialgeschwindigkeit messen.

| | |
|---|---|
| Eigenbewegung | Projektion der wahren räumlichen Bewegung auf die Himmelskugel, beobachtet als zeitliche Ortsveränderung des Sterns an der Himmelskugel senkrecht zur Blickrichtung; gemessen in Bogensekunden je Jahrhundert |
| Radialgeschwindigkeit | der in der Blickrichtung verlaufende Anteil der wahren räumlichen Bewegung; bewirkt eine Verschiebung der Spektrallinien im Sternspektrum (*Dopplereffekt*). Die Radialgeschwindigkeit wird in km · s$^{-1}$ gemessen. (Positives Vorzeichen bedeutet zunehmende, negatives Vorzeichen abnehmende Entfernung von der Erde.) |

■ Die Eigenbewegung des Polarsterns beträgt 4,6" je Jahrhundert, seine Radialgeschwindigkeit -13 km · s$^{-1}$.

**Pekuliarbewegung** ist die Bewegung eines Sterns im Raum relativ zu den Sternen seiner Umgebung. Geschwindigkeiten und Richtungen der Pekuliarbewegungen der Sterne sind statistisch verteilt. Eine Ausnahme bilden die Bewegungssternhaufen, deren Mitglieder gleiche Bewegungsrichtungen und gleiche Geschwindigkeiten aufweisen.

↗ Bewegungssternhaufen, S. 142

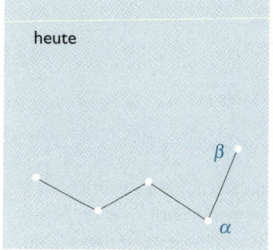
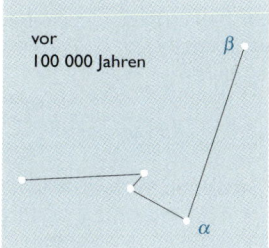
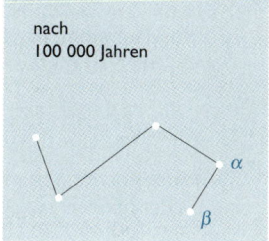

Eigenbewegungen der Sterne des Sternbildes Kassiopeia

## Rotation des Milchstraßensystems

5

Rotation des Milchstraßensystems

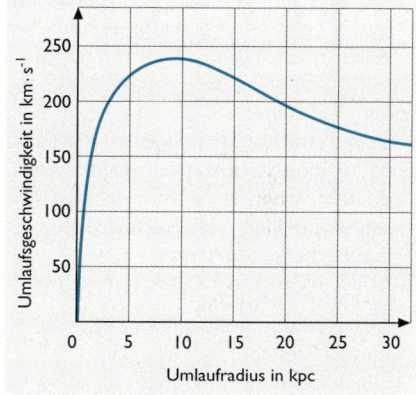

Umlaufgeschwindigkeit in Abhängigkeit vom Umlaufradius eines Sterns im Milchstraßensystem. Der flache Verlauf der Kurve im Bereich über 30 kpc wird durch die große Masse der dunklen Korona bewirkt.

Den Pekuliarbewegungen der Sterne ist eine großräumige Umlaufsbewegung um das Zentrum des Milchstraßensystems überlagert. Die Sterne beschreiben dabei annähernd elliptische Bahnen. Der Kern des Milchstraßensystems rotiert jedoch wie ein starrer Körper.

- Die Sonne umläuft das Zentrum des Milchstraßensystems mit einer Geschwindigkeit von 220 km · s$^{-1}$. Sie benötigt für einen Umlauf etwa $2{,}4 \cdot 10^8$ Jahre.
  ↗ Aufbau des Milchstraßensystems, S. 140

## AUSSERGALAKTISCHE STERNSYSTEME

### Galaxie

Außerhalb des Milchstraßensystems befindliches Sternsystem (außergalaktisches, extragalaktisches Sternsystem). Nahegelegene und relativ leicht beobachtbare Galaxien werden nach dem Sternbild benannt, in dessen Grenzen sie sich an der Himmelskugel befinden.

| Einteilung der Galaxien | |
|---|---|
| wichtigste Formen | Häufigkeit |
| Spiralsysteme <br> Balkenspiralen | } 60 % |
| elliptische Systeme | 25 % |
| irreguläre Systeme | 4 % |
| Sonderformen | 11 % |

Galaxien erscheinen im Fernrohr als verwaschene, lichtschwache Gebilde, zum Teil mit erkennbaren Strukturen. Sie sind sehr zahlreich; bis zur scheinbaren Helligkeit von $20^m$ sind über $2 \cdot 10^6$ Galaxien an der Himmelskugel beobachtbar. In einem $20°$ bis $40°$ breiten Streifen längs der Milchstraße werden sie durch den im Milchstraßensystem befindlichen interstellaren Staub verdeckt.

**5**

■ Das einzige von Europa aus mit dem bloßen Auge beobachtbare außergalaktische Sternsystem ist der *Andromedanebel*. (Die irreführende Bezeichnung „Nebel" stammt aus einer Zeit, in der die wahre Natur der Sternsysteme noch unbekannt war.)

### Spiralsysteme

Sternsysteme, ähnlich dem Milchstraßensystem, die beim Blick auf die Scheibenebene eine Spiralstruktur erkennen lassen. Die Spiralarme befinden sich in einer sehr dünnen, ebenen Schicht in der Mittelebene des Systems. Radiobeobachtungen zeigen, daß sich die Spiralstruktur vielfach bis weit über das optisch beobachtbare Gebiet hinaus fortsetzt.

Zusammensetzung der Spiralarme:
• leuchtende interstellare Materie,
• junge Sterne,
• Sternassoziationen,
• offene Sternhaufen.

Diese Objekte sind jünger als etwa $10^8$ Jahre. Obgleich sie nur einen kleinen Teil der Gesamtmasse eines Sternsystems enthalten, fallen sie durch ihre hohe Leuchtkraft auf. Viele Spiralsysteme werden, wie das Milchstraßensystem, von einem Halo aus kugelförmigen Sternhaufen umgeben. Bei der Rotation der Spiralsysteme werden die Spiralarme nachgeschleppt; die äußeren Bereiche der Spiralsysteme rotieren langsamer als die inneren. Das Spiralmuster ist wahrscheinlich keine stoffliche, dauerhafte Struktur, sondern entsteht durch eine Dichtewelle, die zur Bildung von Sternen aus der interstellaren Materie führt.

↗ Aufbau des Milchstraßensystems, S. 140

| Spiralsysteme | |
|---|---|
| Massen | im Mittel $10^{12}$ Sonnenmassen |
| absolute Helligkeiten | $-18^m$ bis $-21^m$ |
| Anteil an interstellarer Materie | 1 % bis 15 % |

148

**Balkenspiralen.** Sternsysteme mit Spiralstruktur, deren Spiralarme nicht am Kerngebiet beginnen, sondern an den Enden eines den Kern durchquerenden, aus Sternen gebildeten Balkens von 5 kpc bis 10 kpc Länge.

Balkenspirale M 83

Spiralsystem M 51 (im Sternbild Jagdhunde)

## Elliptische Systeme

Sternsysteme ohne erkennbare innere Struktur, meist von sehr symmetrischer Gestalt. Charakteristisch ist, daß sie nahezu keine interstellare Materie besitzen und daß heiße O- und B-Sterne in ihnen nicht vorhanden sind.

Elliptische Galaxien enthalten einen hohen Prozentsatz an Sternen geringer Leuchtkraft.

| Elliptische Systeme | |
|---|---|
| Massen | im Mittel $10^{11}$ Sonnenmassen;<br>bei elliptischen Zwerggalaxien nur einige $10^5$ Sonnenmassen,<br>bei elliptischen Riesengalaxien bis $10^{13}$ Sonnenmassen |
| absolute Helligkeiten | bei elliptischen Zwerggalaxien -$10^m$,<br>bei elliptischen Riesengalaxien -$22^m$ |
| Anteil der interstellaren Materie | weniger als 0,01 % |

In den elliptischen Sternsystemen findet keine Sternentstehung mehr statt.

## Irreguläre Systeme

Sternsysteme von chaotischer, unsymmetrischer Form und Struktur, häufig ohne erkennbaren Kern. Sie enthalten von allen Sternsystemen den größten Anteil an interstellarer Materie und sehr viele junge Sterne. In ihnen findet eine sehr intensive Sternentstehung statt.

149

| Irreguläre Systeme | |
|---|---|
| Massen | im Mittel $10^9$ bis $10^{10}$ Sonnenmassen |
| absolute Helligkeiten | $-15^m$ bis $-19^m$ |
| Anteil der interstellaren Materie | im Mittel 30 % |

Irreguläre Galaxie:
Große Magellansche Wolke

■ Die nächstgelegenen irregulären Galaxien sind die - von Europa aus nicht sichtbaren - Magellanschen Wolken am südlichen Sternhimmel.

**5**

### Aktive Galaxien

Sternsysteme, die durch besondere Eigenschaften auffallen. In vielen Fällen sind vor allem die Kerne dieser Systeme aktiv; die Zeitdauer der Aktivität ist auf einige Millionen Jahre begrenzt.
Aktive Galaxien:
• Galaxien mit intensiver Radiostrahlung (Radiogalaxien),
• Galaxien mit aktiven Kernen,
• Galaxien mit ausgeschleuderten Schweifen.

### Radiogalaxien

Sternsysteme, die einen großen Prozentsatz der insgesamt freigesetzten Energie in Form von Radiowellen abstrahlen. Ihre Leuchtkräfte im Radiofrequenzbereich (Radioleuchtkräfte) übersteigen die Radioleuchtkräfte normaler Sternsysteme zum Teil um das Millionenfache. Viele Radiogalaxien sind optisch nicht nachweisbar, möglicherweise wegen ihrer extrem großen Entfernungen.
Die Quellgebiete der Radiostrahlung befinden sich bei den auch optisch beobachtbaren Systemen häufig beiderseits der optischen Galaxie; wahrscheinlich ist das die Folge von explosionsartigen Vorgängen im Kerngebiet der Galaxie.

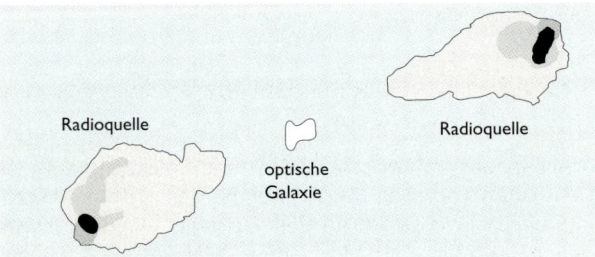

Radioquelle Cygnus A. Die beiden Teilquellen an der Himmelskugel haben einen Abstand von 2'; die Farbtiefe gibt die Intensität der Radiostrahlung an.

## Galaxien mit aktiven Kernen

Sternsysteme mit sehr kleinen, sternähnlichen Kernen, in denen Strahlungsausbrüche, Veränderungen der Helligkeit sowie Radio-, Röntgen- und Infrarotstrahlung beobachtet werden. In ihren Spektren treten auffällige Emissionslinien auf. Die Ursachen der Kernaktivität sind noch nicht bekannt, möglicherweise wird sie durch den Aufsturz von Masse (Sterne, interstellare Materie) auf Schwarze Löcher bewirkt.

Ungelöste Probleme der aktiven Galaxien: Herkunft der extrem großen Energien, Art der Energieumwandlungsprozesse, Ursache von Doppelstrukturen bei Radioquellen.

## Quasare

Kosmische Objekte, die bei optischer Beobachtung sternförmig erscheinen, deren Spektrallinien weit zum roten Ende des Spektrums verschoben sind und die eine starke Radiostrahlung aussenden. Die großen Rotverschiebungen der Spektrallinien deuten auf sehr große Entfernungen hin. Einige Quasare weisen veränderliche Helligkeiten auf.

| Quasare | |
|---|---|
| Leuchtkräfte | bis $10^{14}$ Sonnenleuchtkräfte = $10^{40}$ W |
| Entfernungen von der Erde | bis 5 000 Mpc |

Die Entstehung der Quasarstrahlung ist noch ungeklärt, insbesondere wegen der Kleinheit des energiefreisetzenden Gebietes (Durchmesser zum Teil geringer als 0,1 pc) und den extrem großen freigesetzten Energien. Bisher sind außer der Umwandlung potentieller Energie in Strahlung keine Energiefreisetzungsprozesse bekannt, die die Quasarerscheinungen befriedigend erklären können. Wahrscheinlich sind Quasare aktive Kerne von Galaxien.

## Bewegungen der Sternsysteme

Sternsysteme bewegen sich im Raum. Dabei überlagern sich zwei Bewegungsarten. Bei relativ nahen Sternsystemen überwiegt der Anteil der ungeordneten Bewegung. Weiter entfernte Systeme lassen im wesentlichen nur noch den Anteil der „Fluchtbewegung" erkennen.

| Bewegungen der Sternsysteme | |
|---|---|
| unregelmäßig | geordnet |
| *Individualbewegung* (Pekuliarbewegung); Geschwindigkeit im Mittel 200 km · s$^{-1}$ | *„Fluchtbewegung";* Geschwindigkeit wächst mit der Entfernung |

**Beobachtung der Bewegungen.** Wegen der großen Entfernungen der Sternsysteme ist es nicht möglich, Ortsveränderungen an der Himmelskugel festzustellen. Man beobachtet deshalb keine Eigenbewegung, sondern ausschließlich die Bewegung in der Gesichtslinie (Radialgeschwindigkeit) mit Hilfe des Dopplereffekts in den Spek-

5

tren der Sternsysteme. Die Verschiebung der Spektrallinien zum roten (langwelligen) Bereich des Spektrums bedeutet, daß sich das Sternsystem vom Milchstraßensystem entfernt.

↗ Bewegungen der Sterne, S. 146
↗ Fluchtgeschwindigkeit, S. 58, 158
↗ Hubble-Konstante, S. 158, 181
↗ Entdeckung der Expansion des Weltalls, S. 180

## Entfernungen der Sternsysteme

Die Entfernungen der Sternsysteme vom Milchstraßensystem werden nach unterschiedlichen Methoden bestimmt, je nachdem, ob Einzelobjekte in dem betreffenden Sternsystem beobachtbar sind oder nicht.

| Bestimmung der Entfernung des Sternsystems | |
|---|---|
| Einzelobjekte sind beobachtbar | aus den Perioden-Helligkeits-Beziehungen beobachteter Delta-Cephei- und RR-Lyrae-Sterne und anderer Objekte |
| Einzelobjekte sind nicht beobachtbar | aus scheinbarer und absoluter Helligkeit des gesamten Sternsystems (absolute Helligkeit folgt aus speziellen Untersuchungen), aus der Rotverschiebung der Spektrallinien: $r = \dfrac{v}{H}$ <br><br> $v$ Fluchtgeschwindigkeit <br> $H$ Hubble-Konstante |

■ Der Andromedanebel ist $7 \cdot 10^5$ pc, die fernsten mit heutigen Teleskopen beobachtbaren Sternsysteme sind etwa $5 \cdot 10^9$ pc vom Milchstraßensystem entfernt.

■ Sternsysteme sind im Mittel $3 \cdot 10^6$ pc voneinander entfernt; das ist das 150fache des Durchmessers eines durchschnittlichen Sternsystems.

↗ Bewegungen der Sternsysteme, S. 151
↗ Fluchtgeschwindigkeit, S. 58, 158
↗ Hubble-Konstante, S. 158, 181

## Galaxienhaufen

Ansammlungen von Sternsystemen in einem begrenzten Volumen.
Möglicherweise sind alle Sternsysteme Mitglieder von Galaxienhaufen.

| Galaxienhaufen | |
|---|---|
| Durchmesser | im Mittel 1 Mpc |
| Anzahl der Sternsysteme in einem Haufen | 10 bis 10 000 |
| räumliche Dichte der Sternsysteme in einem Haufen | bis $10^4$mal so groß wie bei einzeln stehenden Sternsystemen |

| Einteilung der Galaxienhaufen | |
|---|---|
| regelmäßige Haufen | kugelsymmetrisch, mit zentraler Konzentration (wie bei kugelförmigen Sternhaufen); enthalten vor allem elliptische Sternsysteme |
| unregelmäßige Haufen | ohne Symmetrie und zentrale Konzentration (wie bei offenen Sternhaufen); enthalten Sternsysteme aller Typen |

Galaxienhaufen

**5**

Viele Galaxienhaufen senden Radiostrahlung und Röntgenstrahlung aus. Die große räumliche Dichte der Sternsysteme in den Galaxienhaufen führt dazu, daß in ihnen die Sternsysteme miteinander zusammenstoßen können. Dies könnte das bevorzugte Auftreten elliptischer Sternsysteme in den regelmäßigen Haufen erklären, da bei solchen Kollisionen die interstellare Materie aus den beteiligten Sternsystemen herausgefegt wird.

Galaxienhaufen werden nach dem Sternbild benannt, in dessen Grenzen sie an der Himmelskugel zu beobachten sind.

- Virgo-Haufen im Sternbild Jungfrau (lat. Virgo)

- Das Milchstraßensystem gehört mit mehr als 20 weiteren Systemen (darunter dem Andromedanebel und den beiden Magellanschen Wolken) zu einem kleinen Galaxienhaufen, der als *Lokale Gruppe* bezeichnet wird.

**Superhaufen**

Anhäufung von Galaxienhaufen in Form von Ketten oder flächenhaften Gebilden, die große leere Räume einschließen. Damit erhält der überschaubare Teil des Kosmos eine Art Zellen- oder Schaumblasenstruktur, in der die Superhaufen Teile der Zellwände bzw. -kanten darstellen. Superhaufen sind die größten bekannten Strukturen im Kosmos.

| Superhaufen | |
|---|---|
| Durchmesser | 50 Mpc bis 100 Mpc |
| Masse | bis zu $10^{16}$ Sonnenmassen |

153

### Intergalaktische Materie

Materie im Raum zwischen den Galaxien eines Galaxienhaufens; vermutlich heißes Plasma ($10^8$ K), das durch Gravitationskräfte komprimiert wird. Intergalaktischer Staub konnte bisher nicht nachgewiesen werden.

### Entstehung der Sternsysteme

Die Entstehung der Sternsysteme ist mit der Geschichte des Kosmos eng verbunden. Solange sich der Kosmos nicht durch die Expansion unter $10^4$ K abgekühlt hatte, war eine Entstehung von Sternsystemen nicht möglich. Die Bildung eines Sternsystems begann vermutlich mit einer Inhomogenität im sonst weitgehend homogenen Universum.

| Ausgangsmaterial (Protogalaxie) | Wasserstoff-Helium-Wolke vermutete Temperatur: einige 1 000 K vermutete Dichte: im Mittel $10^{-21}$ g $\cdot$ cm$^{-3}$ |
|---|---|

Die Protogalaxie kontrahierte unter dem Einfluß der Gravitationskraft, dabei entstanden die ersten Sterne (in kugelförmigen Sternhaufen und als Einzelsterne). Raschere Kontraktion der zentralen Bereiche führte zur Ausbildung des Kerns; Wechselwirkungen mit benachbarten Protogalaxien können Rotation und Turbulenz bewirkt haben.

**Entstehung eines Spiralsystems.** Infolge der Rotation plattete sich die noch nicht in Sternen gebundene Materie ab und bildete die Scheibe, in der weitere Prozesse zur heutigen Zusammensetzung führten. In der Scheibe können Dichtewellen aufgetreten sein, die zu einem Spiralmuster führten.

**Entstehung eines elliptischen Systems.** Sehr schnelle und ergiebige Sternentstehung bei langsamer Rotation führte dazu, daß das gesamte vorhandene Material in Sternen gebunden wurde und die Gesamtheit dieser Sterne eine weitgehend symmetrische Anordnung einnahm, bevor die Abplattung einen wesentlichen Betrag erreichen konnte.

### Weitere Entwicklung der Sternsysteme

Wesentliche Vorgänge bei der Entwicklung eines Sternsystems:
- Bildung von Sternen aus interstellarer Materie
- Rückfluß eines Teils der in den Sternen durch die Kernfusion veränderten Materie in den interstellaren Raum
- Bewegung der Sterne im Sternsystem

# Struktur und Entwicklung
# des Kosmos

### Kosmologie

Wissenschaft vom Universum als Ganzes, von seiner räumlichen Struktur und seiner zeitlichen Entwicklung. Der astronomischen Beobachtung ist nur ein Teil des Weltalls zugänglich. Deshalb ist es schwierig, daraus Schlüsse über Raum und Zeit des gesamten Weltalls abzuleiten. Neben Beobachtungen bilden die Gesetze der Physik, insbesondere der Elementarteilchenphysik, wichtige theoretische Grundlagen für Aussagen der Kosmologie.

### Kosmologisches Prinzip

Alle wesentlichen Modellvorstellungen über den Aufbau und die Entwicklung des Universums basieren auf folgenden Grundannahmen:

> Das Weltall ist in allen Punkten und in allen Richtungen gleichmäßig mit Materie ausgefüllt
> • Kein Punkt ist vor dem anderen ausgezeichnet (Homogenität).
> • Keine Richtung ist vor der anderen ausgezeichnet (Isotropie).
> Im Weltall gibt es keine ausgezeichnete Stellung und keinen Mittelpunkt.

6

Das kosmologische Prinzip impliziert auch, daß im gesamten Weltall gleichartige Materie und Materiestrukturen (einschließlich Strahlung) existieren und gleiche physikalische Gesetze wirken.
Beobachtungen von Galaxien und Galaxienhaufen in kleinen Raumbereichen ergaben, daß ihre Verteilung inhomogen ist. Allgemein nimmt man aber an, daß in genügend großen kosmischen Raumbereichen Homogenität und Isotropie herrschen. Jedoch existieren auch Vorstellungen, die nicht ein homogenes, sondern eher „klumpiges" Universum postulieren.
↗ Hierarchie des Kosmos, S. 155

## STRUKTUR DES KOSMOS

### Hierarchie des Kosmos

Auf Beobachtungsgrundlagen beruhende Auffassungen von geordneten räumlichen Strukturen des Kosmos in Form von Galaxien, Galaxienhaufen, Superhaufen und eventuellen Super-Superhaufen. In jeder übergeordneten Struktur nimmt die Materiedichte ab. So ist z. B. in einem Superhaufen die Dichte geringer als in einem Galaxienhaufen. Superhaufen existieren in Form von Ketten oder haben eine flächenhafte Gestalt.
Dort, wo mehrere Ketten zusammenstoßen, befindet sich die größte Anzahl von

Galaxienhaufen. Danach hat der beobachtbare Kosmos eine Art Zellen- oder Schaumblasenstruktur, wobei die Superhaufen Teil der Zellwände bzw. -kanten sein könnten. Die gegenseitigen Abstände der Superhaufen sind dabei die Zellendurchmesser und somit die größten Strukturen im hierarchischen Aufbau des Kosmos.

**Strings.** Angenommene unendlich dünne, extrem massenreiche und außerordentlich lange Energiefäden bzw. -schleifen, die die Entstehung und Verteilung der Galaxien bestimmt haben sollen.

■ Unsere Galaxis ist Mitglied eines kleineren Galaxienhaufens, der Lokalen Gruppe, welchem etwa 20 Galaxien angehören. Dieser Galaxienhaufen ist Bestandteil eines Lokalen Superhaufens, dessen Zentrum in Richtung des Virgo-Haufens liegt. In einem Kugelvolumen ($R = 40$ Mpc) von mithin $\approx 10^{25}$ Kubiklichtjahren sind $10^6$ Galaxien enthalten $\longrightarrow$ I Galaxie in $10^{19}$ (Lj)$^3$.

**Die „Große Mauer".** Vermutlich ist es die größte bisher bekannte Massenkonzentration im Weltall. In einem Volumen $1,5 \cdot 10^{24}$ (Lj)$^3$ sind $2 \ldots 10^3$ Galaxien enthalten $\longrightarrow$ I Galaxie in $\approx 10^{21}$ (Lj)$^3$.

## Geometrie des kosmischen Raumes

Die Quantenfeldtheorie und die Allgemeine Relativitätstheorie (ART) sind Grundlagen für moderne kosmische Raumvorstellungen. Nach der ART wird die Geometrie des Raumes durch die Gravitation der in ihm enthaltenen Masse bestimmt. Infolge der Gravitationswirkung der gesamten kosmischen Materie ist das Weltall großräumig gekrümmt. Da das Universum expandiert, ändert sich die Raumkrümmung mit der Zeit.

Je nach Krümmung unterscheidet man zwischen euklidischen und nichteuklidischen Räumen.

Mögliche Raumkrümmungen

| Euklidisch | Krümmung 0 | Das Weltall ist ein unendlicher und offener Raum. | |
|---|---|---|---|
| Sphärisch | Krümmung positiv | Das Weltall ist ein endlicher und geschlossener Raum. Er hat einen endlichen Radius und eine endliche Masse. | |
| Hyperbolisch | Krümmung negativ | Das Weltall ist ein unendlicher und offener Raum. | |

Euklidische Räume entsprechen den Alltagsvorstellungen. Nichteuklidische Räume entziehen sich unserer Vorstellungswelt. Hier helfen ähnelnde Darstellungen (Analoga).

- Das zweidimensionale Analogon eines sphärisch gekrümmten Raumes wäre eine Kugeloberfläche. Sie ist „endlos", d. h. ohne Grenzen, aber nicht unendlich groß. Sie besitzt eine endliche Fläche.
  Bei einer geradlinigen Wanderung auf einer solchen Kugeloberfläche käme man an den Ausgangspunkt zurück. Man könnte um eine solche Welt „herumsehen". Wenn das Weltall die genannte Geometrie hätte, wäre das „Herumsehen" einem Beobachter heute nicht möglich, weil sich das Weltall schneller ausdehnt, als das Licht dieses All umwandern kann.

## Bestimmung des Wertes der Raumkrümmung

Die Raumkrümmung ist nicht direkt beobachtbar. Sie wird auf der Grundlage des kosmologischen Prinzips mit Hilfe der mittleren Materiedichte und der Hubble-Konstante bestimmt.

**Krümmungs- oder Weltradius (R).** Radius des dreidimensionalen gekrümmten Raumes. Infolge der Expansion ändert sich das Radius in der Zeit (Raum-Zeit-Welt).

**Kritische Materiedichte.** Wert der Materiedichte im Kosmos, welche die Richtung der Expansion bestimmt.
Nach heutigen Vorstellungen beträgt dieser Wert etwa $4,7 \cdot 10^{-30}$ g $\cdot$ cm$^{-3}$. Ist der Wert der wirklichen Materiedichte kleiner, expandiert das Universum unbegrenzt. Ist er größer, setzt nach endlicher Zeit eine Kontraktion des Weltalls ein. Beobachtungen der sichtbaren Materie ergeben, daß die Massendichte kleiner als die kritische Dichte ist. Die Astronomen nehmen jedoch an, daß das Universum eine große Masse unsichtbarer Materie besitzt, was auch Messungen von Satelliten bestätigen. Diese verborgene Masse könnte die Materiedichte über den kritischen Wert anheben. In diesem Fall würde die allgemeine Massenanziehung die Expansion bremsen, zum Stillstand bringen und in Kontraktion umschlagen.

↗ Expansion des Universums, S. 157, 180
↗ Weltmodelle, S. 159
↗ Kosmologisches Prinzip, S. 155
↗ Hubble-Konstante, S. 158

**6**

## Expansion des Universums

Eine bei fernen Galaxien im optischen Spektrum beobachtete Wellenverschiebung in den roten Bereich (Rotverschiebung) wird auf der Grundlage des Dopplereffektes als Galaxienflucht bezeichnet. Dieses Phänomen hat nichts mit einer Bewegung der Galaxien zu tun, sondern die *Expansion* des Raumes erzeugt die Abstandsvergrößerung der Galaxien. Die Tatsache, daß sich alle Sternsysteme von uns fortbewegen, bedeutet nicht, daß unsere Galaxis das Zentrum der Expansion ist. In jedem anderen Sternsystem würde ein Beobachter den gleichen Effekt wahrnehmen. Die Auffassung, daß es im Weltall keinen durch bestimmte Eigenschaften ausgezeichneten Punkt, d. h. keinen ausgezeichneten Beobachter geben soll, bezeichnet man als *Weltpostulat*.

↗ Entdeckung der Expansion des Weltalls, S. 180

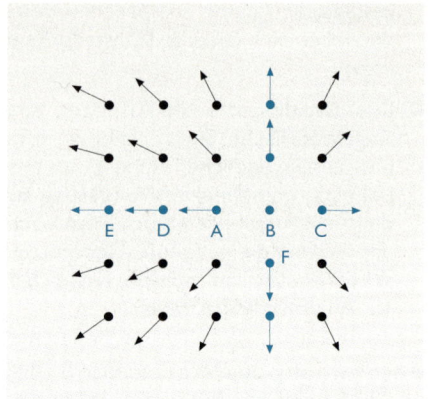

Beobachtung der Expansion aus zwei verschiedenen Galaxien (links Beobachter A, rechts Beobachter B)

## Fluchtgeschwindigkeit (Radialgeschwindigkeit)

Geschwindigkeit, mit der sich die Galaxien vom Milchstraßensystem radial entfernen. Der Wert der Fluchtgeschwindigkeit ist von der Entfernung der Galaxien abhängig.

**6**

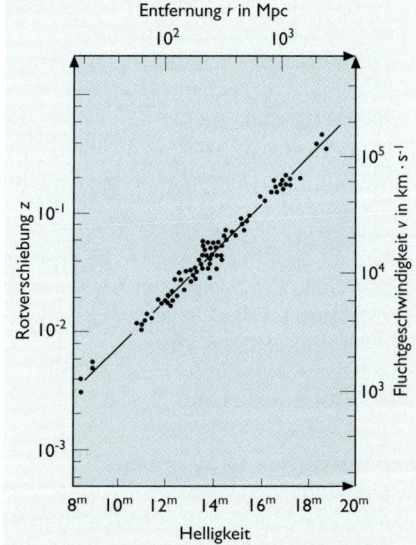

Beziehungen zwischen scheinbarer Helligkeit und Rotverschiebung sowie zwischen Entfernung und Fluchtgeschwindigkeit für hellste Sternsysteme einiger Galaxienhaufen

## Hubble-Konstante $H_0$

Der von Hubble entdeckte proportionale Zusammenhang zwischen Fluchtgeschwindigkeit und Entfernungen der Galaxien wird als Hubble-Konstante $H_0$ bezeichnet. Ihre Einheit ist Kilometer pro Sekunde pro Megaparsec. Da die Astronomen die Entfernungen von Galaxien immer genauer bestimmen, ändert sich auch der Wert der Hubble-Konstante.

| Jahr | $H_0$ in km $\cdot$ s$^{-1}$ $\cdot$ Mpc$^{-1}$ |
|------|------------------------------------------------|
| 1929 | 530 |
| 1950 | 180 |
| 1958 | 75 |
| 1975 | 60 |

Heute wird der Wert zwischen 40 bis 100 km $\cdot$ s$^{-1}$ $\cdot$ Mpc$^{-1}$ angegeben. Meist wird mit $H_0 = 55$ km $\cdot$ s$^{-1}\cdot$ Mpc$^{-1}$ gerechnet.

Mit Hilfe der Hubble-Konstante läßt sich die Fluchtgeschwindigkeit eines Sternsystems wie folgt berechnen:

| $v = H_0 \cdot r$ | $v$    Fluchtgeschwindigkeit des Sternsystems in km $\cdot$ s$^{-1}$ |
|---|---|
| | $H_0$   Hubble-Konstante in km $\cdot$ s$^{-1}$ $\cdot$ Mpc$^{-1}$ |
| | $r$     Entfernung des Sternsystems in Mpc |

- Ein Sternsystem, das 10 Mpc vom Milchstraßensystem entfernt ist, hat eine Fluchtgeschwindigkeit von 550 km $\cdot$ s$^{-1}$. In einer Entfernung von 2 500 Mpc beträgt seine Fluchtgeschwindigkeit 138 000 km $\cdot$ s$^{-1}$. Die größten bisher bei kosmischen Objekten ermittelten Fluchtgeschwindigkeiten liegen bei 270 000 km $\cdot$ s$^{-1}$.

## Welthorizont

Grenze des gegenwärtig beobachtbaren Weltraums. Sie liegt in einer Entfernung von 15 ... 20 $\cdot$ 10$^9$ Lj. Da das Licht endliche Geschwindigkeit hat, ist seine Laufzeit um so länger, je weiter die Galaxie vom Erdbeobachter entfernt ist. Wir erhalten Informationen von Objekten, die nach Expansionsbeginn vor 15 ... 20 $\cdot$ 10$^9$ Lj entstanden sind. Vorgänge und Gebiete außerhalb des Welthorizonts sind für uns grundsätzlich nicht beobachtbar.

- Das Licht von der Andromeda-Galaxie erreicht uns nach etwa 2 Millionen Jahren. Wir beobachten das Objekt in einem Zustand, den es vor etwa 2 Millionen Jahren hatte. ↗ Weltalter, S. 160

## Weltmodelle

Idealisierte Vorstellungen, die den Kosmos in Raum und Zeit beschreiben. Ob Weltmodelle die Wirklichkeit richtig widerspiegeln, können nur Beobachtungen entscheiden. Sicher sind Aussagen der Weltmodelle nicht auf das gesamte Weltall übertragbar. Moderne Weltmodelle gehen auf der Basis des kosmologischen Prinzips von gekrümmten Räumen aus, die eine endliche oder unendliche Ausdehnung haben und dynamischen Charakter tragen.

**Friedmann-Modelle.** Von A. Friedmann konstruierte mathematische Modelle eines dynamischen Kosmos. Die Darstellung auf S. 160 zeigt, daß das Weltall zu Beginn der Expansion einen kleinen Krümmungsradius ($R$) hatte. Materie und Strahlung, die sich auf kleinem Volumen mit großer Dichte konzentrieren, expandierten mit hoher Geschwindigkeit. Mit wachsendem Krümmungsradius ($R$) nahm die Expansionsgeschwindigkeit infolge der gegenseitigen Massenanziehung ab. Am wenigsten wurde

**159**

die Expansion in Weltmodellen mit hyperbolischen Räumen und am stärksten in Weltmodellen mit elliptischen Räumen gebremst.

↗ Expansion des Universums, S. 157
↗ Kosmologisches Prinzip, S. 155
↗ Raumstruktur, S. 156

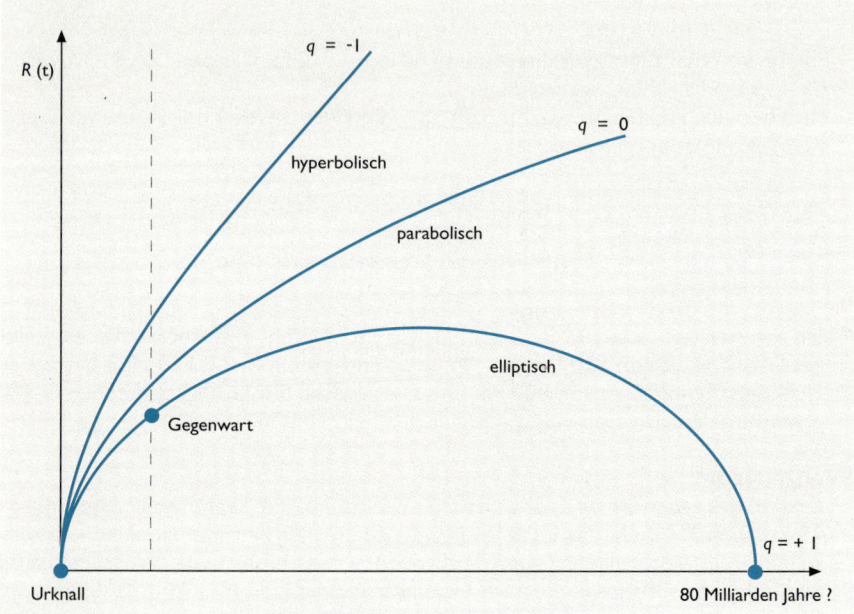

Friedmann-Weltmodelle eines dynamischen Kosmos. $R$ = Krümmungsradius, $t$ = Weltalter, $q$ = zeitliche Änderung des Krümmungsradius

## ENTWICKLUNG DES KOSMOS

Aus der Bestimmung der Expansionsgeschwindigkeit, dem Verlauf der Expansion und mit Hilfe von Erkenntnissen aus der Elementarteilchenphysik lassen sich Schlüsse über die Entwicklung des heutigen Zustandes der Welt ableiten.

### Weltalter (t)

Ein auf Berechnungen und Beobachtungen mit Hilfe der Hubble-Konstante, des Studiums der Sternatmosphären und der Sternentwicklung sowie mittels Erkenntnisse über den radioaktiven Zerfall schwerer Elemente unter Einbeziehung von Weltmodellen angenommenes Alter des heutigen Zustandes der Welt. Die Werte schwanken zwischen $10 \cdot 10^9$ und mehr als $20 \cdot 10^9$ Jahren.

↗ Hubble-Konstante, S. 158
↗ Sternatmosphären, S. 123
↗ Sternentwicklung, S. 134, 179

160

## Altersbestimmung kosmischer Prozesse

Methoden, die Einblick in Zeiträume kosmischer Prozesse geben.

| Zeitskalen | Methoden zur Bestimmung der Werte |
|---|---|
| Expansionsalter des Universums | Bestimmung mit Hilfe des Kehrwertes der Hubble-Konstante bei angenommener gleichbleibender Expansionsgeschwindigkeit[1] ($H_0 = 55$ km $\cdot$ s$^{-1}$ $\cdot$ Mpc$^{-1}$)<br><br>$t = \dfrac{1}{H_0} = \dfrac{1}{55 \text{ km} \cdot \text{s}^{-1} \cdot \text{Mpc}^{-1}} = 18 \cdot 10^9$ Jahre<br><br>(Hubble-Zeit $T_H$) |
| Entstehungsalter der schweren Elemente (schwerer als H, He) | Bestimmung der Zerfallszeiten radioaktiver Isotope bei schweren Elementen, Wert: $7 \cdot 10^9$ Jahre |
| Sternalter | Berechnung aus der Kenntnis von Leuchtkraft und Masse eines Sterns, Wert: $15 \cdot 10^9$ Jahre für die ältesten Sterne |

[1] Bei gebremster Expansion wäre das Weltalter kleiner und bei beschleunigter Expansion größer.

**6**

↗ Expansion des Universums, S. 157
↗ Fluchtgeschwindigkeit, S. 158
↗ Hubble-Konstante, S. 158

## Urknall

Von vielen Wissenschaftlern vertretene Vorstellungen eines explosionsartigen Beginns der Expansion, auch *Urknall* (big bang) genannt. Zu diesem Zeitpunkt und kurz danach existierte die kosmische Materie unter extremen physikalischen Bedingungen, die mit den bekannten Naturgesetzen nicht erklärt werden können. Man nimmt an, daß der Urknall durch das Zusammenwirken (Einheit) der elektromagnetischen, der schwachen und der starken Wechselwirkung unter Einbeziehung der Gravitation ausgelöst wurde (Vereinheitlichungs-Theorien GUT). Die Expansion des Weltalls und die Drei-Kelvin-Strahlung sind beweiskräftige Argumente für die Urknall-Theorie.

**Heiße Frühphase des Kosmos.** Zeitspanne unmittelbar nach dem Urknall, in der sich das Universum in einem sehr heißen und dichten „Urzustand" befand, wo eine intensive und energiereiche elektromagnetische Strahlung dominiert, die Materie in ihre elementaren Bausteine zerlegt war und physikalische Prozesse extrem schnell abliefen.

↗ Expansion des Universums, S. 157
↗ Drei-Kelvin-Strahlung, S. 162
↗ Evolution des Universums, S. 162
↗ Staedy-State-Theorie, S. 163
↗ Big-Bounce-Theorie, S. 164
↗ Entwicklung der Urknall-Theorie, S. 181

161

### Drei-Kelvin-Strahlung

Intensive kosmische Strahlung im radiofrequenten Bereich, deren Temperatur der eines Schwarzen Körpers von 2,7 K entspricht. Ihre Dichte beträgt $10^3$ Photonen je Kubikzentimeter. Diese Strahlung fällt aus allen Richtungen des Weltalls (isotrop) mit gleicher Intensität auf uns ein. Sie ist an keine kosmischen Körper gebunden.

Nach den gegenwärtigen Vorstellungen ist die Drei-Kelvin-Strahlung, auch *Relikt-* oder *Hintergrundstrahlung* genannt, ein Restprodukt aus der Zeit von etwa $10^5$ Jahren nach dem Urknall, als sich die kosmische Materie in einem extrem heißen Zustand befand. Durch die Expansion des Universums kühlte sich die Strahlung auf den heutigen Wert von 2,7 K ab.

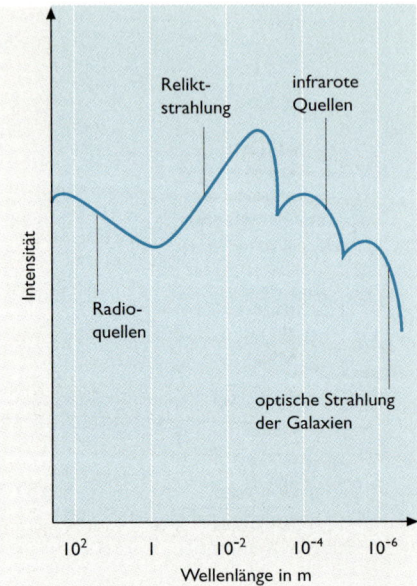

Spektrum der elektromagnetischen Strahlung im Universum, einschließlich der Drei-Kelvin-Strahlung

### Evolution des Universums

Entwicklungsprozesse, die sich seit Beginn der Expansion im Universum vollzogen. In den ersten Sekunden und Minuten nach Expansionsbeginn verliefen diese Prozesse extrem schnell. Das Weltall entwickelte sich aus einem heißen „Urplasma"unter ständiger Expansion, damit verbundener Abkühlung sowie Abnahme der Massendichte zu seinem heutigen Zustand.

Auf der Grundlage von Beobachtungsdaten und der Urknall-Theorie unterscheidet man verschiedene Evolutionsphasen.

**Inflationäres Weltall.** Vorstellungen, wonach sich die Evolution des Weltalls im Wechsel von „ruhigen" und „stürmischen" (inflationären) Phasen vollzog. In inflationären Phasen dehnen sich begrenzte Gebiete des Weltalls mit enormen Strahlungsinhalt durch Abkühlung zeitlich begrenzt extrem schnell aus.

■ Für eine solche inflationäre Phase wird für das sichtbare Weltall der Zeitraum $10^{-40}$ ... $10^{-35}$ s nach dem Urknall angenommen. In dieser Phase existierte unser Weltall in Form einer sehr heißen Materieblase mit Temperaturen von ca. $10^{27}$ K. Bei Abkühlung der Blase und Übergang zu einer „ruhigen" Phase wurde die Expansion wesentlich beschleunigt („Inflation").

↗ Evolution des Universums, S. 162

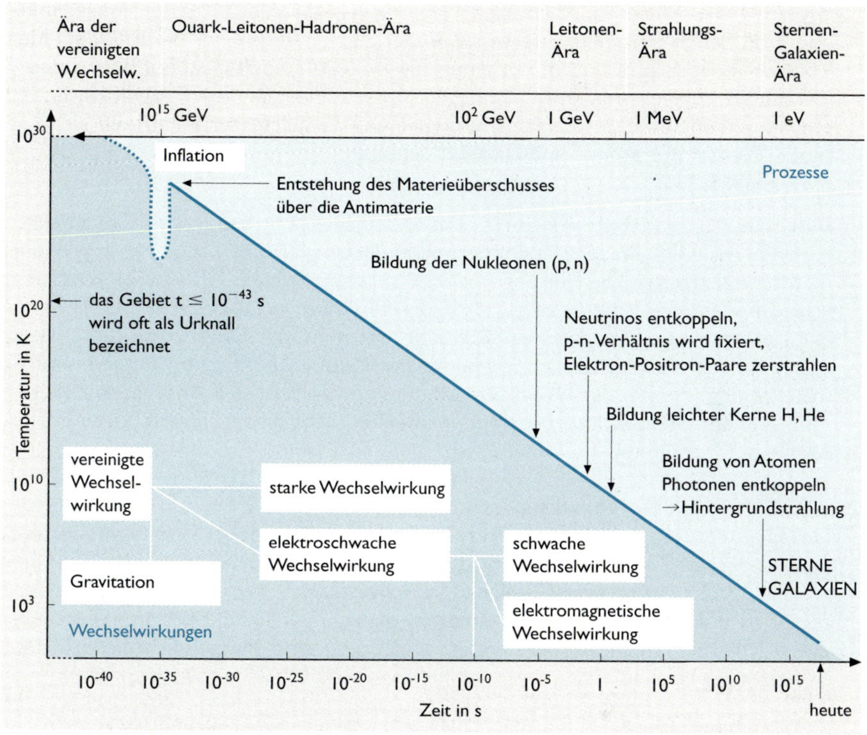

| Ära der vereinigten Wechselw. | Quark-Leitonen-Hadronen-Ära | | Leitonen-Ära | Strahlungs-Ära | Sternen-Galaxien-Ära |
|---|---|---|---|---|---|

$10^{15}$ GeV · $10^2$ GeV · I GeV · I MeV · I eV

$10^{30}$

Inflation

Entstehung des Materieüberschusses über die Antimaterie

Prozesse

Bildung der Nukleonen (p, n)

$10^{20}$

das Gebiet $t \leq 10^{-43}$ s wird oft als Urknall bezeichnet

Neutrinos entkoppeln, p-n-Verhältnis wird fixiert, Elektron-Positron-Paare zerstrahlen

Bildung leichter Kerne H, He

Bildung von Atomen Photonen entkoppeln → Hintergrundstrahlung

**Temperatur in K**

$10^{10}$

vereinigte Wechsel-wirkung

starke Wechselwirkung

schwache Wechselwirkung

STERNE GALAXIEN

$10^3$

Gravitation

elektroschwache Wechselwirkung

elektromagnetische Wechselwirkung

Wechselwirkungen

$10^{-40}$  $10^{-35}$  $10^{-30}$  $10^{-25}$  $10^{-20}$  $10^{-15}$  $10^{-10}$  $10^{-5}$  I  $10^5$  $10^{10}$  $10^{15}$

**Zeit in s**

heute

Entwicklungsphasen des Universums

## Andere kosmologische Modelle (Auswahl)

Neben dem Urknall-Modell existieren auch Modellvorstellungen über die Geschichte des Kosmos, die sich nicht auf einen Urknall beziehen.

**Steady-State-Theorie.** Kosmologische Theorie, die im Gegensatz zur Urknall-Theorie davon ausgeht, daß das unbegrenzt expandierende Weltall immer die gleiche Materiedichte besitzt. Diese Theorie verlangt eine ständige Materieschöpfung. Da die Entstehungsrate unwahrscheinlich klein ist, könnten neu erzeugte Materieteilchen experimentell nicht nachgewiesen werden. Das wichtigste Gegenargument für ein Steady-State-Universum ist die 3-K-Strahlung.

Materiedichte im expandierenden Weltall nach der Urknall-Theorie und nach der Steady-State-Theorie

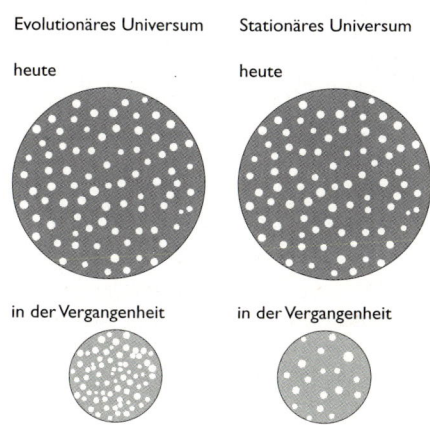

Evolutionäres Universum — heute / in der Vergangenheit

Stationäres Universum — heute / in der Vergangenheit

**6**

**163**

**Big-Bounce-Theorie.** Nach dieser Theorie hat das Weltall keinen Anfang in Raum und Zeit. Schon immer existierte ein materiefreier Raum, der bis zu einem kleinen Volumen schrumpfte und durch einen Big Bounce („großer Aufschlag") seine Verformung korrigierte und danach unbegrenzt expandierte. Aus dem sogenannten Quantenvakuum entstand durch Phasenumwandlung die „Urmaterie", aus der sich kosmische Objekte, wie Sterne und Galaxien bildeten.
↗ Urknall, S. 161

**Materie-Antimaterie-Theorie.** Diese Theorie geht davon aus, daß anfangs der Kosmos aus einer Riesengalaxie bestand in der zu gleichen Teilen Materie und Antimaterie existierten. Die Riesengalaxie fiel unter der eignen Gravitationskraft zusammen. Im Zentrum kommt es durch Wechselwirkung von Materie und Antimaterie zur Zerstrahlung. Der dabei entstehende enorme Strahlungsdruck kehrt die Kontraktion in eine Expansion um. Bis heute konnte eine kosmische Röntgen- und Gammastrahlung, die bei der Wechselwirkung von Materie und Antimaterie entstehen müßte, nicht nachgewiesen werden. Außerdem gibt diese Theorie keine Erklärung für die 3-K-Strahlung.

## Zur Zukunft des Universums

Unser gegenwärtiges Weltall kann zukünftig entweder unbegrenzt expandieren oder nach endlicher Zeit kontrahieren bzw. abwechselnd expandieren und kontrahieren (oszillierendes Universum). Welche Möglichkeit sich verwirklicht, hängt von der Materiedichte ab, deren Wert den Astronomen nicht genau bekannt ist. Wenn man nur die sichtbare Materie berücksichtigt, ergibt sich eine Massendichte, nach der das Weltall ewig expandiert.

| Zeitmarken in einem ewig expandierenden Kosmos | |
| --- | --- |
| bisheriges Alter des Kosmos | $18 \cdot 10^9$ Jahre |
| Sterne verlöschen | $10^{14}$ Jahre |
| Sterne verlieren ihre Planeten | $10^{15}$ Jahre |
| Galaxien verlieren ihre Sterne | $10^{19}$ Jahre |
| Planeten stürzen in ihre Muttersterne | $10^{20}$ Jahre |
| Protonen zerfallen | $10^{33}$ Jahre (?) |
| Protonen zerfallen durch Schwerkraftkollaps | $10^{45}$ Jahre |
| stellare Schwarze Löcher zerstrahlen | $10^{64}$ Jahre |
| Materie schmilzt am absoluten Nullpunkt | $10^{65}$ Jahre |
| supermassive Schwarze Löcher zerstrahlen | $10^{100}$ Jahre |
| alle Materie verwandelt sich in Eisen | $10^{1\,500}$ Jahre |
| Eisensterne kollabieren zu Schwarzen Löchern | $10^{10^{26}}$ Jahre (?) |
| Sternkollaps von Eisensternen zu Neutronensternen | $10^{10^{76}}$ Jahre |

↗ Expansion des Universums, S. 157
↗ Kritische Materiedichte, S. 157
↗ Dunkle Materie, S. 157

# Zur Geschichte der Astronomie

## ANFÄNGE DER ASTRONOMIE

### Archäoastronomie

Die Astronomie wird oft als die älteste Naturwissenschaft bezeichnet. Sie hat ihren Ursprung in der Vorgeschichte der Menschheit. Archäoastronomische Forschungen ergaben, daß bereits vor rund 7 000 Jahren Steinzeitmenschen auffällige Erscheinungen am Sternhimmel beobachteten. Die Archäoastronomie ist eine interdisziplinäre Wissenschaft, die vor allem in Zusammenarbeit mit der Archäologie und den Religionswissenschaften nach himmelskundlichen Zeugnissen der Vorzeitmenschen sucht. Zu diesem Zweck studiert sie Keilschrifttexte, Kalender- und Schalensteine, Höhlenmalereien und steinerne Zeugen aus dieser Zeit.

- Nördlich von Salisbury (England) steht eine gut erhaltene Steinringanlage (Stonehenge), die zwischen 3100 und 11 v. Chr. in mehreren Abschnitten errichtet wurde. Vermutlich diente diese Anlage als Sonnen- und Mondobservatorium astronomischen Zwecken und war gleichzeitig Kultstätte.

### Sternkunde

Verbundenheit und Abhängigkeit von der Natur regten die Menschen frühzeitig zur Beobachtung des Sternhimmels an. Vor allem religiöse Motive und praktische Bedürfnisse, wie eine genaue Zeiteinteilung, landwirtschaftliche Tätigkeiten, die Aufstellung eines brauchbaren Kalenders, die Orientierung in der Wüste und auf See waren wichtige Beweggründe für die Aneignung von sternkundlichen Kenntnissen.

- Wissen über die Gestirne ist auch beim Totenkult der Steinzeitmenschen nachweisbar. Auffallend häufig sind ihre Gräber nach den Haupthimmelsrichtungen angelegt. Folglich waren damals die Menschen in der Lage, mittels astronomischer Beobachtungen die Himmelsrichtungen zu bestimmen.

### Sternreligion (Sternglaube)

Als Folge des Erkenntnisstandes der damaligen Zeit verehrten die Menschen die Sterne als Götter oder als Künder des Willens der Götter. Die religiöse Verehrung der Gestirne führte zur Sternreligion (Sternglaube). Den Sternen wurden auf die Erde wirkende Kräfte zugesprochen.

Mars war mit dem Kriegsgott Nergal gleichgestellt, dessen Erscheinen Krieg und Zerstörung bedeutet. Venus war der Göttin Ischtar zugeordnet, einer Fruchtbarkeitsgöttin und Himmelskönigin.

Die Sternreligion förderte die Sternkunde. Der Glaube an die Göttlichkeit der Gestirne führte u. a. dazu, sich mit den Bewegungen der Himmelskörper zu befassen und trug wesentlich zur Entstehung der Astrologie bei.

↗ Astrologie, S. 166

## ASTRONOMIE IM FRÜHEN ALTERTUM

Bei den Kulturvölkern des frühen Altertums, in Babylonien, Ägypten, Indien, China und Mittelamerika kam die Astronomie zu hoher Blüte.

### Astronomie in Babylonien

Wichtige Aufzeichnungen über die babylonische Astronomie stammen vor allem aus der Zeit 600 Jahre v. Chr. Die Babylonier beobachteten u. a. den Sonnen- und Mondlauf, Mondphasen und Finsternisse, die Bewegungen der Planeten und die tägliche Umdrehung des Sternhimmels.

In einem Kompendium fanden Daten über beobachtete Sterne ihren Niederschlag, wozu auch Angaben über die gegenseitige Lage der Gestirne, ihren Auf- und Untergang und über ihre Kulmination gehörten.

In den Katalogen befinden sich auch Daten über die Schattenlänge der Sonne, über den Lauf des Mondes und der Planeten. Das sachgebundene Wissen ermöglichte den Babyloniern, die Umlaufzeiten der Planeten zu bestimmen, was eine Vorausberechnung ihrer Position ermöglichte.

Sie kannten auch die Regel zur langfristigen Vorhersage von Finsternissen.

Wichtige Sternbilder, z. B. Orion, Großer Bär, erhielten ihre Namen. Die Zeiteinteilung bezog sich auf den Mondlauf. Die Babylonier schufen wichtige empirische Grundlagen für eine wissenschaftliche Astronomie.

**7**

Mythologisches Weltbild der Babylonier. Die Oberwelt schwimmt als Stufenturm auf dem irdischen Ozean. Darüber spannen sich der erste, zweite und dritte Himmel. Unterhalb des Ozeans existiert die Unterwelt mit dem Palast des Totenreiches, umgeben von den sieben Mauern. Der irdische Ozean wird durch die Dämme des Himmels begrenzt, worauf die Sonnenaufgangs- und -untergangsberge stehen (Rekonstruktion nach überlieferten Aufzeichnungen).

### Entstehung der Astrologie

Die Babylonier suchten nach einem Zusammenhang zwischen Mensch, Erde und Kosmos. Der Sternglaube führte zur Annahme eines bestimmenden Einflusses der Gestirne auf das irdische Leben, was zur Entstehung der Astrologie (Sternlehre, Sterndeutung) führte. Historisch durchlief die Astrologie drei Entwicklungsstufen.

- *Omen*-Astrologie (etwa 1400 bis 600 v. Chr.). Sie beschäftigte sich mit Ereignissen von allgemeinem Interesse, wie Krankheit, Hunger, Krieg, Frieden und verwendete weder Tierkreiszeichen noch Horoskope.
- *Primitive Tierkreis*-Astrologie (etwa 600 bis 500 v. Chr.). Unter Benutzung von Tierkreiszeichen werden Prognosen über das Wetter und die Vegetation eines Jahres gegeben.

- *Horoskop*-Astrologie (500 bis zur Gegenwart). Sie will mit Hilfe von Horoskopen aus der Stellung der Planeten im Augenblick der Geburt das Schicksal des Einzelnen voraussagen. Später breitete sich die Astrologie von Babylonien über die gesamte antike Welt aus. Im Altertum und im Mittelalter waren Astronomie und Astrologie eng verbunden. Es gab keine klare Trennung zwischen astronomischen Beobachtungen und Voraussagen einerseits und astrologischen Deutungen und Prophezeihungen andererseits. Genaue Himmelsbeobachtungen brauchte die Astrologie; sie förderten aber gleichzeitig den Erkenntniszuwachs in der Astronomie. Bedeutende Gelehrte der Antike beschäftigten sich mit Astronomie und Astrologie. Claudius Ptolemäus (etwa 100 bis 170) verfaßte das wichtigste astronomische Werk der Antike, den „Almagest", und war gleichzeitig Autor des Hauptwerkes der antiken Astrologie, des „Tetrabiblios".

Byzantinische Gelehrte brachten astrologisches Gedankengut nach Europa, wo es im 15. und 16. Jahrhundert in hoher Blüte stand. Spätestens seit Herausbildung des copernicanischen Weltbildes verlor die Astrologie ihre historische Rechtfertigung. Heute ist sie zumeist ein Erwerbszweig, der die Unsicherheit der Zeit und die Leichtgläubigkeit von Menschen mit wertlosen Aussagen ausnutzt.

Die Astrologie leistete in einer bestimmten Epoche einen bedeutenden Beitrag zur Geistesgeschichte der Menschheit. Ihre systematisch-konstruktive Weltbetrachtung war ein großartiger Versuch, die Welt als Ganzes, als Einheit zu betrachten, in die auch der Mensch eingebunden ist.

## Astronomie in Ägypten

Zu den wichtigen Aufgaben der ägyptischen Priester gehörte eine genaue Zeitrechnung, damit religiöse Feste sowie das Säen und Ernten ordnungsgemäß ablaufen konnten. Dabei stand die Verehrung der Sonne und anderer Gestirne im Blickpunkt. Bereits frühzeitig gab es einen Kalender, der sich am Sonnenjahr orientierte. Da um 4000 v. Chr. der Beginn der regelmäßigen Nilüberschwemmung - ein außerordentlich wichtiges Ereignis für die Landwirtschaft - mit dem heliaktischen Aufgang des Sirius seiner ersten Morgensicht - zusammenfiel, galt diesem Stern eine besondere Verehrung. Deshalb begann in Ägypten das Jahr mit dem Tage des ersten Wiedererscheinens von Sirius in der Morgendämmerung. Es wurde in 12 Monate zu je 30 Tagen und 5 Zusatztagen eingeteilt. Längere Beobachtungen ergaben, daß sich der Frühaufgang des Sirius alle vier Jahre um einen Tag verspätet. Deshalb war das Siriusjahr in Wirklichkeit nicht 365, sondern 365 1/4 Tage lang. Astrologische Deutungen der Gestirne gab es unter babylonischem Einfluß erst in der Spätzeit Ägyptens.

↗ Kalender, S. 39

## Astronomie in China

Bereits 3000 v. Chr. widmeten sich Chinesen der Beobachtung auffälliger Himmelserscheinungen, wozu Finsternisse, Kometen und helle Meteore gehörten. Bereits 1054 n. Chr. registrierte man in China eine Supernova im Sternbild Taurus. Mit der Beobachtung des Sternhimmels waren Beamte beauftragt, die vor allem für die Herausgabe eines Kalenders sorgten und auffällige Ereignisse am Himmel staatspolitisch zu deuten hatten, weil man glaubte, daß eine enge Beziehung zwischen himmlischen und irdischen Ereignissen existiere.

↗ Kalender, S. 39

**7**

167

### Astronomie in Mittelamerika

Hier führten vor allem die Mayas frühzeitig astronomische Beobachtungen durch. So wird z. B. über die Beobachtung einer totalen Mondfinsternis 3379 v. Chr. berichtet. Astronomische Ereignisse standen wahrscheinlich in enger Beziehung mit dem Kalenderwesen der Mayas.

## ASTRONOMIE IN DER ANTIKE

### Astronomie in Griechenland

Während sich die Völker des frühen Altertums vor allem mit der Beobachtung des Sternhimmels beschäftigten, befaßten sich griechische Denker hauptsächlich mit den Ursachen der beobachteten Erscheinungen. Sie waren der Überzeugung, die Welt der Gestirne ist eine von Göttern vorgegebene Ordnung, deren Prinzipien es aufzudecken gilt und die mit mathematischen Gesetzmäßigkeiten beschreibbar sind. Die Griechen konzentrierten sich u. a. auf die Lösung folgender Probleme:
- Aufbau der Welt und Stellung der Erde in ihr,
- Erklärung der Bewegungen der Himmelskörper,
- Größen- und Entfernungsverhältnisse im Weltall.

### Beobachtungen und Messungen

**Sternbilder.** Sie sind wichtige Hilfsmittel zur Orientierung am Sternhimmel. Die von den Babyloniern festgelegten Sternbilder - u. a. die Tierkreisbilder - übernahmen die Griechen und ergänzten sie durch weitere Konfigurationen. Von den heute nach internationaler Übereinkunft 88 festgelegten Sternbildern waren bereits 44 in der Antike bekannt. Ihre Namen stammen aus der damaligen Vorstellungswelt. 12 haben z. B. Namen menschlicher Gestalten und 23 sind nach Tier- und Fabelwesen benannt.

**Begründung der Kugelgestalt der Erde.** Schon frühzeitig wurden von den Griechen Sonne, Mond und Sterne als kugelförmige Körper angesehen. Die Kugelgestalt der Erde schloß man aus der Beobachtung von Schiffen bei Annäherung an die Küste und aus den unterschiedlichen Gestirnhöhen bei gleichzeitiger Beobachtung an verschiedenen Orten. Aristoteles wies um 350 v. Chr. durch die Beobachtung des kreisförmigen Erdschattens bei Mondfinsternissen die Kugelgestalt der Erde nach.

**Berechnung des Erdumfanges.** Um 220 v. Chr. bestimmte Eratosthenes mit Hilfe der Mittagshöhe der Sonne den Winkelabstand zwischen Alexandria und Syene (heute Assuan) in Ägypten mit 7,5°. Nach seinen Messungen betrug die Entfernung zwischen den beiden Orten 5000 Stadien. Daraus berechnete er den Gesamtumfang der Erdkugel mit 252 000 Stadien oder 36 690 km, was dem wirklichen Wert sehr nahe kommt.

**Entfernungs- und Größenbestimmung von Sonne und Mond.** Um 265 v. Chr. versuchte Aristarch von Samos durch Berechnung der Maßverhältnisse bei Halbmond in einem rechtwinkligen Dreieck Erde - Sonne - Mond die Entfernung von Sonne und Mond und ihre Radien zu bestimmen. Im Ergebnis fand er ein Verhältnis von 1:19 zwischen Sonnen- und Mondentfernung.

168

Obwohl heutige Messungen davon abweichen, löste Aristarch im Prinzip das Problem der Entfernungsbestimmung dieser Himmelskörper. Ferner bestimmte er den Radius des Mondes mit 0,36 und den der Sonne mit 6,75 Erdradien.

## Studium der Planetenbewegungen

Die Griechen unternahmen vor allem den Versuch, die Bewegungen der Planeten mit einer Theorie zu erklären. Sie gingen davon aus, daß die Gestirne als göttliche Wesen nur vollkommene Bahnen beschreiben.

**Kreisbahndogma Platons.** Platon entwickelte um 400 v. Chr. ein mathematisches System, worin sich die kugelförmigen Himmelskörper als göttlich beseelte Wesen ohne Anfang und Ende auf Kreisbahnen mit konstanter Geschwindigkeit um die Erde bewegen. Für ihn sind beobachtete Anomalien in den Planetenbewegungen nur scheinbar, hinter denen sich die wahre gleichmäßige Kreisbewegung der Himmelskörper verbirgt. Die Kreisbahnvorstellungen Platons entwickelten sich auf dem weiteren Erkenntnisweg der Astronomie zum Dogma, was erst nach der Formulierung der Planetengesetze durch Kepler verworfen wurde.

**Epizykeltheorie Hipparchs.** Hipparch, der um 150 v. Chr. die Präzession der Erde fand und erstmals ein Sternverzeichnis aufstellte, versuchte, die beobachteten ungleichmäßigen Bewegungen der Planeten mit Hilfe von Epizykeln zu erklären. Danach bewegen sich die Planeten nicht direkt um die Erde, sondern auf kleinen Kreisen (Epizykeln), deren Mittelpunkte sich auf einem größeren Kreis (dem Deferenten) um die Erde bewegen. Damit konnten vor allem die beobachteten Schleifenbewegungen der Planeten gut erklärt werden.

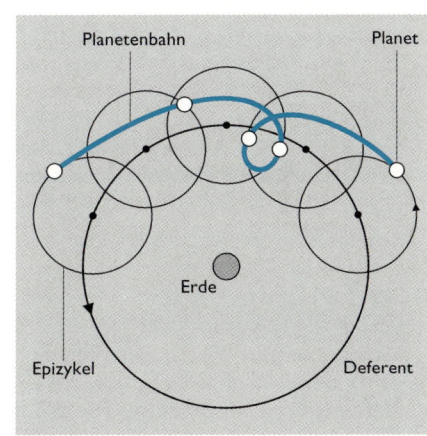

Epizykeltheorie von Hipparch

## WELTBILDER DER ANTIKE

### Frühgriechisches Weltbild

Wie die anderen frühen Kulturvölker hielten zunächst auch die Griechen an der mythologisch begründeten Vorstellung fest, die Erde sei eine Scheibe, von einem für Menschen unzugänglichen Meer umgeben, aus dem sich jeden Abend die Sterne erheben und am Morgen wieder versinken. Aus dem Meer erhebt sich jeden Morgen der goldene Wagen des Sonnengottes Helios (später Apollo genannt) und nimmt seinen Weg über dem Horizont.

169

### Himmelsgeometrie des Eudoxos

Eudoxos versuchte um 380 v. Chr. in seiner Theorie homozentrischer (gemeinsamer Mittelpunkt) Sphären eine mathematische Beschreibung der scheinbaren Planetenbewegungen. Dabei wurde die ungleichmäßige Bewegung der Planeten in gleichförmige Bewegungen von Sphären (auch Kugelschalen genannt) aufgelöst. Die angenommenen Sphären dienten Eudoxos lediglich als mathematische Hilfsmittel.

### Weltsystem des Aristoteles

Aristoteles strebte um 350 v. Chr. ein Weltbild an, dessen Strukturen nicht nur mathematische Konstruktionen sind, sondern auf physikalischen Prinzipien beruhen. Für ihn bestehen die sich auf Kreisbahnen bewegenden kugelförmigen Himmelskörper aus Äther, einem unwandelbaren Stoff, der keinen Veränderungen unterliegt. Die Erde, als schwerstes der vier schweren Elemente - die sich verändern - ruht im Weltzentrum. Somit unterscheidet Aristoteles zwischen einer himmlischen und einer irdischen Welt. Im Gegensatz zu Eudoxos betrachtet er die homozentrischen

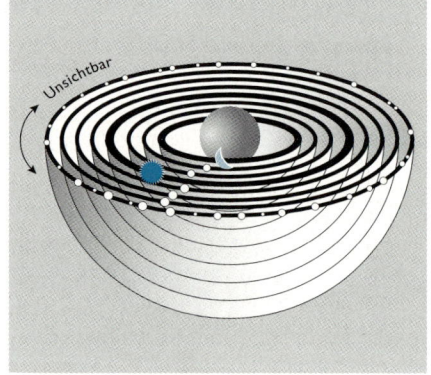

Sphären nicht nur als mathematische Massenpunkte, sondern als physikalische Körper. Das geordnete Sphärensystem befindet sich in ständiger Bewegung, welche ein Anstoß der äußeren Sphäre durch einen göttlichen Beweger auslöste. Die Bewegung wurde auf die inneren Sphären übertragen. Das Weltall wird durch die Fixsternsphäre begrenzt. Außerhalb dieser Sphäre gibt es keinen Ort, keine Leere, keine Zeit. Aristoteles schuf das erste reale Modell vom Kosmos.

Kosmos als geordnete Schalenkonstruktion

### Geozentrisches Weltbild

Claudius Ptolemäus faßte um 150 das astronomische Wissen der Antike, ergänzt durch eigene Arbeiten, zu einer mathematisch begründeten Theorie der Bewegungsabläufe der Himmelskörper und eines Bildes vom Aufbau des Weltalls zusammen, welches mit den damaligen Beobachtungen im Einklang stand. Im geozentrischen Weltbild befindet sich die ruhende kugelförmige Erde im Weltzentrum. Um sie bewegen sich auf Kreisbahnen die Himmelskörper. Das Weltall wird durch die Fixsternsphäre begrenzt.

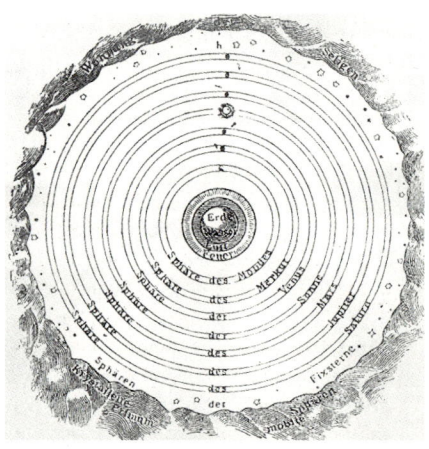

Geozentrisches Weltbild des Ptolemäus

7

170

Die ptolemäischen Vorstellungen fußen auf der beobachteten täglichen Umdrehung des Sternhimmels, auf den Kreisbahnauffassungen Platons, auf dem Kosmosmodell des Aristoteles sowie auf der Epizykeltheorie Hipparchs.

Obwohl das ptolemäische Weltbild nur auf unmittelbaren Sinneseindrücken beruhte, erlaubte es - bedingt durch den damaligen Entwicklungsstand der Meßtechnik - annähernd richtige Voraussagen über Bewegungen und Positionen der Planeten. Das geozentrische Weltbild stützte die bis zum Mittelalter vorherrschenden philosophischen Auffassungen Aristoteles und befand sich in Übereinstimmung mit dem damaligen biblischen Weltbild. Aus den genannten Gründen war es über 1400 Jahre wesentliche Grundlage für den astronomischen Erkenntnisweg.

**Almagest.** Ptolemäus faßte das gesamte astronomische Wissen seiner Zeit in dem dreizehnbändigen Werk „Mathematice syntaxis" (auch „Megale syntaxis" genannt) zusammen, welches im frühen Mittelalter unter der arabischen Bezeichnung „Almagest" nach Europa kam.

↗ Geozentrische Bewegungen der Planeten, S. 53

### Spekulative heliozentrische Weltvorstellungen

Neben den geozentrischen Weltvorstellungen existierten in der Antike auch spekulative heliozentrische Ideen. Um 420 v. Chr. nahm Philolaus von Kroton an, daß sich alle Gestirne, auch die als Planet betrachtete Erde, um das im Mittelpunkt der Welt befindliche Zentralfeuer drehen. Um 350 v. Chr. ließ Heraklid (Herakleides Pontikos) den Gedanken des Zentralfeuers fallen und nahm an, daß sich Planeten und Sonne um ein gemeinsames Zentrum bewegen.

Aristarch von Samos zog um 270 v. Chr. aus der Größenbestimmung der Sonne den Schluß, daß diese im Weltzentrum steht und von den Planeten, einschließlich der Erde, umkreist wird.

Sachliche Bedenken und philosophische Voreingenommenheit verhinderten damals die Ausbreitung des heliozentrischen Gedankengutes.

**7**

## DIE NEUZEITLICHE ASTRONOMIE

### Astronomie im frühen Mittelalter

Vom 8. bis zum 14. Jh. bewahrten und entwickelten die Araber das astronomische Erbe der zerfallenen antiken Staaten. Sie übersetzten das Werk des Ptolemäus in das Arabische. Unter dem Titel „Almagest" gelangte die Lehre nach Mitteleuropa. Das Weltbild des damaligen christlichen Abendlandes fußte vor allem auf dem Alten Testament und auf der astronomischen Vorstellungswelt Babyloniens. Wesentliche Aufgabe der Astronomie in der genannten Zeit war die Überwachung des Kalenders und die Festlegung des Datums für bewegliche kirchliche Feste. Außerdem benötigte der sich entwickelnde Handel und Verkehr eine exaktere Orientierung am Sternhimmel. Bessere Meßtechnik und höhere Ansprüche an die Genauigkeit astronomischer Beobachtungen führten zu Differenzen zwischen den auf der ptolemäischen Theorie vorausgesagten und den wirklichen Planetenörtern. Versuche von G. Purbach und J. Müller (Regiomontanus), am Ende des 15. Jh. durch systematische Planetenbeobachtungen das geozentrische Weltbild zu verbessern, führten nicht zum Ziel.

## Heliozentrisches Weltbild

In der ersten Hälfte des 16. Jh. gelangte Nicolaus Copernicus durch Nachdenken über die Grundlagen der geozentrischen Planetentheorie zur Ausarbeitung eines neuen Weltsystems. Seine Überlegungen, welche er zunächst in einer Kurzfassung, dem „Commentariolus" (1510), und später ausführlich in seinem Hauptwerk „De revolutionibus orbium coelestium" (1543) darlegte, beinhalten folgende Kerngedanken:

*Heliozentrische Weltvorstellung*
• Welt und Erde sind Kugeln.
• Der Mittelpunkt der Erde ist nicht Mittelpunkt der Welt, sondern lediglich Mittelpunkt der Mondbahn.
• Alle Planeten, einschließlich der Erde, bewegen sich um die Sonne.
• Der Mittelpunkt der Fixsternsphäre ist die Sonne.
• Der Fixsternhimmel ist so weit entfernt, daß die Abgrenzung des Planetensystems dagegen verschwindend klein ist.
• Die Erde vollführt eine dreifache Bewegung.
  a) Tägliche Rotation um die eigene Achse, die sich in der täglichen Bewegung des Fixsternhimmels von Ost nach West widerspiegelt.
  b) Jährliche Bewegung der Erde mit dem Mond um die Sonne. Die scheinbare Jahresbahn der Sonne ist ein Abbild der Erdbahn.
  c) Umlauf der Erdachse auf einem Kegelmantel in 26 000 Jahren (Präzession).
• Die Schleifenbewegungen der Planeten am Sternhimmel entstehen durch ihre wirklichen Bewegungen und durch die Bewegung der Erde um die Sonne.

Mit der Ausarbeitung des heliozentrischen Weltbildes leitete Copernicus die Wende von der antiken zur neuzeitlichen Astronomie ein.
↗ Heliozentrische Bewegungen der Planeten, S. 50

**7**

### Grenzen der copernicanischen Vorstellungen.

- Festhalten an der antiken Auffassung von der Kreisbewegung der Himmelskörper
- keine Möglichkeit des Nachweises von Fixsternparallaxen

## Resonanz des heliozentrischen Weltbildes

Theologische und fachliche Argumente sprachen gegen das copernicanische Weltbild. Die Aufhebung des Unterschiedes zwischen einer irdischen und einer himmlischen Welt im heliozentrischen Weltsystem widersprach dem Bibelwort, wodurch es zum Konflikt mit der Kirche kam. Die römische Inquisition setzte das Werk des Copernicus von 1614 bis 1825 auf den Index.

Auch namhafte Astronomen betrachteten das neue Weltbild mit Vorbehalt oder lehnten es ab, weil die copernicanischen Vorstellungen die Bewegung der Planeten nicht genauer darstellten als das geozentrische Weltbild und ein Beweis für die Umlaufbewegung der Erde fehlte.

**Weltbild des Tycho Brahe.** Tycho Brahe gilt als größter Beobachter der vorteleskopischen Zeit. Er lehnte das heliozentrische Weltbild ab, weil sich eine parallaktische Verschiebung der Fixsterne infolge der Erdbewegung mit den damaligen Meßinstrumenten nicht nachweisen ließ.

Brahe entwarf ein eigenes Weltbild (1588), in dem sich Sonne und Mond um die Erde und die Planeten um die Sonne bewegen.

Diese Vorstellungen erlangten jedoch keine wesentliche Bedeutung.

## Formulierung der Planetengesetze

Die antike copernicanische Vorstellung, daß sich die Planeten mit gleichmäßiger Geschwindigkeit auf Kreisbahnen um die Sonne bewegen, brachte am Anfang des 17. Jh. Johannes Kepler durch die Formulierung der Planetengesetze mit der Wirklichkeit in Übereinstimmung. Durch die Auswertung umfangreichen Beobachtungsmaterials des Tycho Brahe erkannte Kepler eine Reihe grundlegender Gesetzmäßigkeiten der Planetenbewegungen, die als die drei Keplerschen Gesetze bekannt wurden (1609, 1619). Danach bewegen sich die Planeten mit unterschiedlicher Geschwindigkeit auf elliptischen Bahnen um den Brennpunkt Sonne, wobei ein Zusammenhang zwischen dem Sonnenabstand eines Planeten und seiner Umlaufgeschwindigkeit besteht. Obwohl Kepler die Ursachen der Planetenbewegungen noch nicht aufdeckte, kam er der physikalischen Erklärung sehr nahe. Für ihn waren die Planeten nicht auf Kugelschalen befestigt, sondern im Raum freischwebende Körper.

↗ Keplersche Gesetze, S. 54

## Erste Himmelsbeobachtungen mit dem Fernrohr

Am Anfang des 17. Jh. kam das neu erfundene Fernrohr erstmals bei astronomischen Beobachtungen zum Einsatz. Mit seiner Hilfe wurde es u. a. möglich, Strukturen auf benachbarten Himmelskörpern zu erkennen und kosmische Objekte zu beobachten, die mit dem bloßen Auge nicht sichtbar sind.

Galileo Galilei (1609) sah in seinem Fernrohr u. a. Sonnenflecken, Gebirge auf dem Mond, die vier großen Jupitermonde, die Venusphasen und Sterne in der Milchstraße.

Galilei trat in Wort und Schrift für das copernicanische Weltsystem ein, wofür er 1633 von der Inquisition verurteilt wurde. Das Urteil wurde erst 1992 aufgehoben!

↗ Refraktor, S. 13

**7**

# ZUM WERDEGANG DER KLASSISCHEN ASTRONOMIE

Vom 17. bis zum 19. Jh. befaßte sich die Astronomie vor allem mit der Bewegung der Himmelskörper und formulierte damit verbundene Gesetze (Himmelsmechanik). Ferner strebten die Astronomen nach einer möglichst genauen Ausmessung des Universums (Astrometrie) und begannen mit Untersuchungen zum Aufbau unseres Sternsystems (Stellarstatistik). Die damit verbundenen Tätigkeiten führten zu wesentlichen neuen Erkenntnissen über das Weltall.

## Himmelsmechanik

Isaac Newton begründete in seinem Werk „Philosophiae naturalis principia mathematica" (1687) durch Anwendung physikalischer Begriffe wie Kraft, Masse usw. die Himmelsmechanik als Lehre von der Bewegung der Himmelskörper.

### Entdeckung der Gravitation.

Newton beantwortete die Frage, warum sich die Planeten um die Sonne bewegen. Er fand heraus, daß die wechselseitige Anziehungskraft der Himmelskörper, die von ihren Massen und ihrer gegenseitigen Entfernung abhängt, Ursache für die Bahnbewegung der Planeten ist. Das von Newton formulierte Gravitationsgesetz hat grundlegende Bedeutung, weil damit Bewegungsvorgänge im Universum erklärt werden können. Es erbrachte zugleich den Nachweis, daß es weder eine irdische noch himmlische, sondern nur eine universelle Physik gibt.

↗ Gravitationsgesetz, S. 49

### Erstmals Berechnung von Kometenbahnen

Mit dem Gravitationsgesetz besaßen die Astronomen eine Methode, die parabolische Bahn eines Kometen um die Sonne als Gravitationszentrum zu berechnen. Edwin Halley (1706) wandte diese Methode auf 24 Kometenerscheinungen an. Er erkannte, daß bestimmte Kometenbahnen fast identisch sind, was den Schluß zuließ, daß es sich um dasselbe Objekt handelt, das sich auf einer parabelnahen Ellipse mit einer Umlaufzeit von etwa 75 Jahren um die Sonne bewegt. So konnte die Wiederkehr dieses Kometen, der den Namen Halley erhielt, vorausberechnet werden.

↗ Bahnen der Kometen, S. 48

### Auffinden von Kleinplaneten

Anfang des 19. Jh. entdeckte Piazzi (1801) den ersten Kleinplaneten, die Ceres, welche sich auf einer Bahn zwischen Mars und Jupiter um die Sonne bewegt. Bald fand man zahlreiche weitere Kleinplaneten. Zur gleichen Zeit erschienen theoretische Arbeiten, welche die Himmelsmechanik entwickelten. Carl Friedrich Gauß veröffentlichte eine Arbeit (1809) über Bahnbestimmungen von Kleinplaneten aus drei Positionsbeobachtungen.

Die Bahn und die Ephemeriden der Ceres konnten mittels der Methode von Gauß bestimmt werden. Heute liegen Bahnberechnungen von etwa 3 000 Kleinplaneten vor.

↗ Planetoiden, S. 89

**7**

### Entdeckung der Planeten Uranus, Neptun und Pluto

1781 fand F. W. Herschel den Planeten Uranus, der nur im Teleskop beobachtbar ist. Aus Störungen der Uranusbahn berechnete u. a. U. J. Leverrier mit Hilfe des Gravitationsgesetzes den Standort eines noch unbekannten Planeten, der von J. G. Galle (1846) in der Nähe des vorausberechneten Ortes aufgefunden wurde und den Namen Neptun erhielt. Der Planet Pluto wurde bei der fotografischen Himmelsüberwachung von T. C. Tombaugh (1930) zufällig entdeckt.

↗ Uranus, S. 73;  ↗ Neptun, S. 73;  ↗ Pluto, S. 73

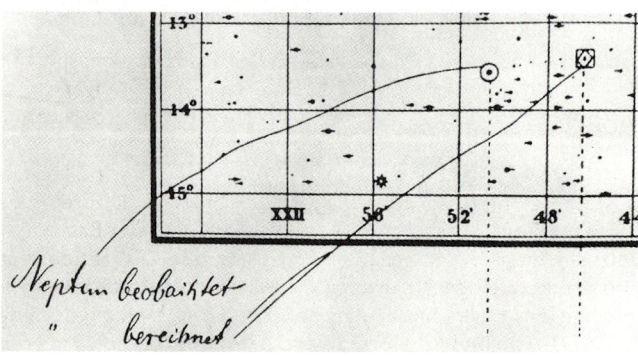

Auffindungskarte des Planeten Neptun

## Astrometrie (Positionsastronomie)

Anfang des 19. Jh. wandten sich die Astronomen stärker der Erforschung der Fixsterne zu. Dabei wurden bestehende Methoden der Astrometrie weiterentwickelt. Beobachtungen und Rechnungen zielten darauf ab, Gestirnsörter mit größerer Genauigkeit zu messen.

## Erste Messungen von Fixsternparallaxen

Die heliozentrische Auffassung von der Bahnbewegung der Erde um die Sonne förderte Versuche, Parallaxen bei Fixsternen nachzuweisen.

Dabei entdeckte E. Halley (1718) die Eigenbewegung der Fixsterne und J. Bradley (1728) die Aberration des Sternlichts.

Friedrich Wilhelm Bessel (1835) bestimmte die erste Fixsternparallaxe und konnte die Entfernung des Sterns 61 Cygni angeben.

Etwa zur gleichen Zeit fanden W. Struve und Th. Henderson parallaktische Verschiebungen bei den Sternen $\alpha$ Centauri und Wega.

Die genannten Messungen waren Belege für die Bahnbewegung der Erde um die Sonne und negierten Auffassungen von einer sogenannten Fixsternsphäre.

↗ Trigonometrische Entfernungsbestimmung, S. 109

## Stellarstatistik

Anfang des 19. Jh. begann die nähere Erforschung unseres Sternsystems, wobei man sich zunächst mit seinem Aufbau und den Bewegungsverhältnissen in ihm befaßte.

## Spekulationen und erste Untersuchungen zum Bau des Milchstraßensystems

**7**

G. Bruno (um 1600) vertrat die spekulative Ansicht, das Weltall sei räumlich unendlich, ausgefüllt mit einer Vielzahl von Sonnen, um die sich auch Planeten bewegen können.

Th. Wright (1750) entwarf erstmals einen Plan über den Bau des Weltgebäudes. Aus Fernrohrbeobachtungen wußte er, daß die Milchstraße aus einer Vielzahl von Sternen besteht.

Er entwickelte die Idee von einem scheibenförmigen Sternsystem, wobei in Richtung der Scheibenebene das System seine größte Ausdehnung hat.

Kant (1755) entwickelte die Vorstellungen Wrights, indem er die Abplattung des Sternsystems auf seine Rotation zurückführte.

J. H. Lambert schloß aus dem Anblick der Milchstraße, daß das System nicht sphärisch, sondern flach wie eine Scheibe ist, deren Durchmesser wesentlich länger als ihre Dicke ist. Die spekulativen Überlegungen nahmen Einfluß auf spätere stellarstatistische Forschungen.

Herschel (1784) studierte die Verteilung der Sterne im Raum, indem er alle Sterne zählte, die in seinem Teleskop sichtbar waren. Er gilt als Begründer der Stellarstatistik. Aus den Sternzählungen leitete Herschel Vorstellungen über den Bau unseres Sternsystems ab, welches er als eine flache Linse ansah. Für die Dimensionen des Milchstraßensystems nahm er zu kleine Werte an. Seine Ansicht, daß die Sonne Zentrum des Sternsystems sei, bestätigte sich nicht.

↗ Galaxie, S. 139
↗ Milchstraßensystem, S. 139

175

## ENTWICKLUNG DER ASTRONOMIE ZUR FACHWISSENSCHAFT

### Herausbildung der Astrophysik

Wesentliche Erkenntnisfortschritte in der Physik und die Anwendung physikalischer Arbeitsverfahren in der astronomischen Forschung führten in der zweiten Hälfte des 19. Jh. zur Herausbildung der Astrophysik, einem völlig neuen und heute wichtigsten Arbeitsgebiet der Astronomie. Die Astrophysik beschäftigt sich vor allem mit dem physikalischen Aufbau und der chemischen Zusammensetzung kosmischer Objekte und mit der Erforschung ihrer Entwicklung. Ihre wichtigsten Arbeitsverfahren sind die Spektroskopie, die Photometrie und der Einsatz der Fotografie, die sich wechselseitig bedingen.

**Spektroskopie.** Sie ist ein Fundament der Astrophysik. Bereits J. Fraunhofer entdeckte bei der Zerlegung des Sonnenlichtes durch ein Prisma auf einem hellen Kontinuum etwa 500 dunkle Linien, deren Ursache er jedoch noch nicht deuten konnte (1814). G. R. Kirchhoff und R. W. Bunsen verglichen die Fraunhoferschen Linien mit Laboratoriumsspektren chemischer Elemente und wiesen dabei das Vorhandensein zahlreicher bekannter Elemente im gasförmigen Zustand auf der Sonne nach (1859). Damit erhielt die Astronomie erstmals die Möglichkeit, die Qualität des Sternlichtes zu untersuchen, um daraus Schlüsse über den physikalischen Zustand und die chemische Zusammensetzung der Sterne abzuleiten.

↗ Spektralanalyse, S. 123

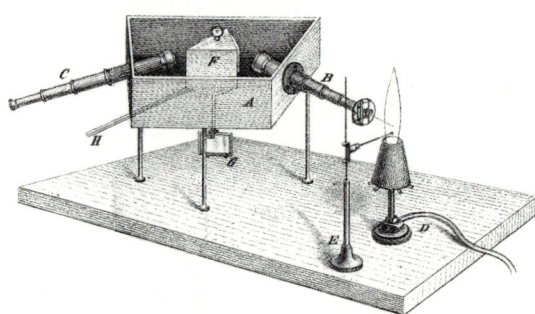

Spektralapparat von Kirchhoff und Bunsen

**Photometrie.** Bis zum 19. Jh. wurde die Helligkeit der Sterne mit aufgestellten Helligkeitsskalen geschätzt (z. B. Argelander 1844). K. F. Zöllner entwickelte ein spezielles Meßgerät, das Photometer, zur Helligkeitsmessung des Sternlichtes (1861). Damit wurde die Genauigkeit der Lichtmessung wesentlich gesteigert.

↗ Photometrische Helligkeiten der Sterne, S. 108

**Fotografie.** Am Ende des 19. Jh. wurde die visuelle Beobachtung kosmischer Objekte durch die Himmelsfotografie ergänzt. Dieses Verfahren hat den Vorteil, die Lichteindrücke kosmischer Objekte zu summieren. Durch entsprechende Belichtungszeiten können auch Objekte abgebildet werden, die sich der visuellen Beobachtung entziehen. Fotografische Platten dienen als Dokumente bei späteren Beobachtungsauswertungen.

Die Anwendung genannter astrophysikalischer Arbeitsverfahren führte am Ende des 19. Jh. zur Anhäufung umfangreichen Beobachtungsmaterials, besonders über die Sonne und über veränderliche Sterne.

## Erforschung des Sternaufbaus

Die sich entwickelnde Astrophysik warf Fragen über den Zustand der Materie im Sterninnern auf, die nicht direkt beobachtet und nur theoretisch untersucht werden kann. Auf den Gesetzen der Thermodynamik (1865) und der Quantentheorie (1900) basierend, entwickelte sich allmählich eine Theorie über den Sternaufbau. H. Lane kam zu dem Schluß, daß die Gasgesetze auch für den Sonnenkörper gültig seien (1870). R. Emden betrachtete die Sterne als Gaskugeln (1907). K. Schwarzschild entwarf ein Bild über das Strahlungsgleichgewicht der Sonne (1908). M. N. Saha entwickelte eine Theorie über die thermische Ionisation in Sternatmosphären (1920). Darauf basiert die Erkenntnis, daß Sternatmosphären vor allem aus Wasserstoff bestehen. A. S. Eddington kam zu dem Schluß, daß die im Sterninnern erzeugte Energie in Form von Strahlung an die Sternoberfläche transportiert wird (1927).

**Hertzsprung-Russell-Diagramm (1913).** E. Hertzsprung und H. N. Russell erkannten anhand der Verteilung von Sternen in einem Diagramm Zusammenhänge ihrer Zustandsgrößen, z. B. die Beziehungen zwischen den absoluten Helligkeiten und den Spektralklassen (Zustandsdiagramm). Das entworfene Diagramm war gleichzeitig ein Schlüssel zum Verständnis der Sternentwicklung (Entwicklungsdiagramm).
↗ Innerer Aufbau der Sterne, S. 124;  ↗ HRD, S. 127

# KOSMOSFORSCHUNG IM 20. JAHRHUNDERT

Die astronomische Forschung im 20. Jh. wird vor allem durch folgende Merkmale geprägt:
• Verbesserung und Erweiterung der Beobachtungs- und Auswertungstechnik
• Studium der Entwicklungsprozesse im Kosmos
• Untersuchung der großräumigen Struktur des Universums
• Nah- und Direktuntersuchungen bei Himmelskörpern des Sonnensystems
Damit verbundene Entdeckungen und Erkenntnisse führten zum astronomischen Weltbild der Gegenwart.

## Entwicklung der Beobachtungstechnik

### Bau großer Spiegelteleskope

Fast gleichzeitig mit der Erfindung des Linsenfernrohrs baute man erste Spiegelteleskope (Newton 1668), deren Leistungsfähigkeit sich ständig steigerte. Am Ende des 19. und am Anfang des 20. Jh. nahm die Technologie des Fernrohrbaus einen großen Aufschwung. Besonders in den USA kamen Großteleskope zum Einsatz.
1917 erhielt das Mt.-Wilson-Observatorium (USA) ein Spiegelteleskop mit einem Durchmesser von 2,54 m. Seit 1948 befindet sich auf dem Mt.-Palomar-Observatorium (USA) ein 5,08-m-Spiegel. 1976 wurde in Zelenchuk (ehemalige Sowjetunion) ein 6,1-m-Spiegelteleskop in Betrieb genommen.

**Neue optische Beobachtungstechnik.** Auf dem Mt. Hopkins (USA) befindet sich ein sogenanntes *Multimirror-Teleskop*, wo der Strahlengang von sechs Spiegeln, mit einer Öffnung von jeweils 1,82 m, in einem gemeinsamen Fokus zusammengeführt wird.

**7**

**177**

Vorgesehen ist der Bau weiterer Teleskope mit Spiegeldurchmessern bis zu 15 m, wobei sich das Spiegelsystem aus mehreren Teilen zusammensetzt *(New Technology Telescope)*. Um die kostbaren Geräte maximal auszunutzen, werden sie meist in klimatisch günstigen Gegenden stationiert und international genutzt.

Die ESO plant für Chile die Aufstellung eines Gerätes, welches aus vier Teleskopen mit je 8-m-Spiegeldurchmesser besteht und in der Wirkung einem 16-m-Teleskop entspricht *(Very Large Telescope)*. Auf dem La Silla (2 400 m) bei Santiago in Chile befindet sich die Europäische Südsternwarte, an der mindestens acht europäische Länder ihre Beobachtungen durchführen.

**Bedienung der Großteleskope.** An modernen Großteleskopen, die automatisiert bedient und via Satellit ferngesteuert werden, wird kaum noch visuell beobachtet. Diese Aufgabe übernehmen elektronenoptische Bildumwandler und CCD-Kameras. Mit ihrer Hilfe wird die Empfindlichkeit und Reichweite der Geräte wesentlich gesteigert. Die Informationen sind gespeichert und können als Dokumente aufbewahrt werden.

↗ Reflektor, S. 14;  ↗ Mehrspiegelteleskope, S. 16

## Radioastronomie

Im ersten Drittel des 20. Jh. gelang es erstmals, langwellige Strahlung im Radiobereich aus dem Weltall zu empfangen (K. G. Jansky 1932). Damit erhielt die beobachtende Astronomie neben dem optischen Fenster ein neues Beobachtungsfenster, das Radiofenster. Es entstand die Radioastronomie, die sich nach dem 2. Weltkrieg rasch entfaltete. Radioteleskope empfangen Strahlung von kosmischen Objekten, die im optischen Bereich nicht sichtbar ist. Ihr Vorteil sind große Reichweiten, die optische Geräte nicht erfassen. Der Nachteil besteht im geringeren Auflösungsvermögen gegenüber optischen Instrumenten.

Die Radioastronomie führte zu einer Vielzahl neuer Entdeckungen.

Mittels radioastronomischer Beobachtungen fand man u. a. die 21-cm-Linie des interstellaren neutralen Wasserstoffs (1951), Quasare (1963), die Drei-Kelvin-Strahlung (1962), anorganische und organische Moleküle (1963), Pulsare (1967).

**Radiointerferometer** (Interferenzsystem). Zusammenschalten von zwei oder mehreren Antennen an einem Empfänger mit möglichst großem Basisabstand (von einigen 100 bis mehreren 1 000 km) ergeben eine maximale Steigerung des Auflösungsvermögens, wodurch die Leistungsfähigkeit der Radioteleskope größer ist als die der besten optischen Systeme.

↗ Radioteleskope, S. 21;  ↗ Radiointerferometer, S. 21

## Einzug der Raumfahrttechnik in die astronomische Forschung

Der Einsatz der Raumfahrttechnik in der Astronomie in der zweiten Hälfte des 20. Jh. erweiterte und veränderte unser Bild vom Kosmos. Nah- und Direktuntersuchungen bei Himmelskörpern des Sonnensystems, der Transport kosmischen Materials zur Untersuchung in irdischen Laboratorien und das erstmalige Betreten der Mondoberfläche durch Erdbewohner (N. Armstrong, E. Aldrin 1969) führten zu sensationellen Entdeckungen. Raumsonden entdeckten u. a. aktive Vulkane auf dem Jupitermond Io, erkundeten zahlreiche bisher unbekannte Planetenmonde und erspähten Ringe um die Planeten Jupiter, Uranus und Neptun.

178

**Hubble-Space-Telescope.** Ein Teleskop mit einem 2,4-m-Spiegel, welches sich seit 1990 auf einer Erdumlaufbahn befindet, übermittelt aus dem Weltraum hochauflösende Bilder von kosmischen Objekten.
↗ Raumteleskope, S. 22

## Herausbildung der Allwellenastronomie

Mittels der Raumfahrt wurde es durch den Einsatz spezieller Detektoren möglich, Informationen über Strahlung aus dem gesamten elektromagnetischen Spektrum zu empfangen. Es entstand die *Allwellenastronomie*. Damit verbunden bildeten sich neue Arbeitsgebiete heraus.

**Infrarotastronomie.** IR-Empfänger in Satelliten untersuchen u. a. die Infrarotstrahlung junger Sterne, deren Staubhülle von innen her aufgeheizt ist.

**Ultraviolettastronomie.** Sie studiert u. a. die Sonne im UV-Bereich und Objekte, deren Strahlungsmaximum im ultravioletten Bereich liegt, z. B. Seyfert-Galaxien und Quasare.

**Röntgen- und Gammaastronomie.** Sie untersucht Röntgenquellen in der Galaxis, z. B. bei Doppelsternsystemen und in extragalaktischen Systemen. Zu den erfolgreichen Röntgen-Satelliten gehören der UHURU-Satellit (1970), der Einstein-Satellit (1978) und der ROSAT-Satellit (1990).
↗ Infrarotteleskope, S. 22; ↗ Röntgenteleskope, S. 22

## Entdeckungen und Erkenntnisse

## Entdeckung der Quellen für die Energiefreisetzung der Sterne

Lange Zeit dominierte die Auffassung, daß Sterne ihre Energie durch Kontraktion gewinnen (Helmholtz 1846). Die Entwicklung der Kernphysik in unserem Jahrhundert führte A. H. Bethe und C. F. von Weizsäcker unabhängig voneinander zu der Erkenntnis, daß Kernprozesse im Sterninnern die Quelle der Energiefreisetzung der Sterne sind (1938). Mittels dieser Prozesse kann ein Stern seine Energie Millionen und Milliarden von Jahren decken.
↗ Kernfusion, S. 125

## Ausarbeitung einer Theorie zur Sternentwicklung

Bereits I. Kant vertrat die Idee, daß die Entstehung der Himmelskörper einen mechanischen Ursprung hat (1755). F. W. Herschel leitete aus beobachteten Formen kosmischer Nebel Folgerungen zur Entwicklung von Sternen und Sternsystemen ab (1802). K. F. Zöllner erarbeitete eine Entwicklungstheorie der Sterne (um 1860). E. Hertzsprung und H. N. Russell vermuteten die Existenz von Riesen- und Zwergsternen (1913). H. Vogt und Russell erkannten, daß die Entwicklung eines Sterns nur möglich ist, wenn sich seine Masse oder seine chemische Zusammensetzung ändern (Eindeutigkeitstheorem 1930). Die Ausarbeitung einer wissenschaftlichen Theorie zur Sternentwicklung war erst nach der Aufdeckung der wahren Energiequellen der Sterne möglich. In der Mitte des 20. Jh. gelang es, Veränderungen des Sternaufbaus, die sich in sehr langen Zeiträumen vollziehen, zu berechnen (Computer). Damit war es möglich, die Sternentwicklung wissenschaftlich begründet zu rekonstruieren.

7

In den letzten Jahrzehnten wurden die Einsichten zur Sternentwicklung durch neuere Erkenntnisse weiter vertieft. Gegenwärtig konzentrieren sich die Forschungen vor allem auf Untersuchungen zur Entstehung der Sterne und auf die Bildung von Planeten bei der Sternentstehung.

↗ Kant-Laplacesche Vorstellungen zur Entstehung des Sonnensystems, S. 96
↗ Sternentwicklung, S. 134
↗ Entstehung von Planeten bei anderen Sternen, S. 134

## Erkundung der Struktur der Galaxis

Die im 19. und 20. Jh. erarbeiteten Vorstellungen über das Milchstraßensystem wurden vor allem in der ersten Hälfte des 20. Jh. durch neue Entdeckungen ergänzt. So bestimmte H. Shapley die Entfernungen von Kugelsternhaufen und ermittelte dabei die wahren Dimensionen der Galaxis (1918). M. Wolf erbrachte durch Sternzählungen den Nachweis, daß zwischen den Sternen dunkle Materie existiert (1920). Beim Studium der Bewegungsverhältnisse der Sterne im Milchstraßensystem fanden J. H. Oort und B. Lindblad die differentielle Rotation der Galaxis (1927). Radioastronomische Beobachtungen führten zur Entdeckung der 21-cm-Linie des neutralen interstellaren Wasserstoffs (1951), wodurch die Spiralstruktur unserer Galaxis erkannt wurde.

↗ Milchstraßensystem, S. 139
↗ Galaxie, S. 139

## Auffinden anderer Sternsysteme

Bereits I. Kant wies auf die Existenz sogenannter Welteninseln hin (1755) und F. W. Herschel vertrat die Ansicht, daß es ferne Sternsysteme gibt (1784). Jedoch konnte erst am Anfang des 20. Jh. durch den Einsatz leistungsfähiger Großteleskope die Existenz anderer Sternsysteme nachgewiesen werden. Mit dem 2,5-m-Spiegelteleskop des Mt.-Wilson-Observatoriums gelang es E. P. Hubble, Randpartien des Andromedanebels in Einzelsterne aufzulösen und dabei auch veränderliche Sterne zu entdecken, mit deren Hilfe er die Entfernung des Sternsystems bestimmte (1923). Wenn auch die Entfernungsangabe gegenüber dem heutigen Wert von 2,2 Millionen Lj um 50 % zu klein war, bestätigten diese Messungen jedoch, daß sich dieses Objekt weit außerhalb des Milchstraßensystems im Universum befindet. Weitere Beobachtungen von etwa 120 „Nebeln" erbrachten durch das Auflösen der Randgebiete in Einzelsterne den Nachweis, daß es sich um fremde Sternsysteme handelt.

1925 nahm Hubble eine neue Klassifizierung der Galaxien vor, die noch heute gültig ist. Hubble gilt als Begründer der extragalaktischen Astronomie. Die Erkundung der Sternsysteme, die zur Haufenbildung (Galaxienhaufen, Superhaufen) neigen, wurde zu einem wichtigen Forschungszweig der Astronomie, weil dadurch neue Erkenntnisse über die großräumige Struktur des Weltalls gewonnen werden.

↗ Außergalaktische Sternsysteme, S. 148

## Entdeckung der Expansion des Weltalls

In den Jahren 1924 bis 1929 untersuchte Hubble (ab 1928 auch M. Humason) spektroskopisch die Radialgeschwindigkeit von Galaxien. Die dabei entdeckte Rotverschiebung der Spektrallinien, die auf der Grundlage des Dopplereffektes ein Merkmal für die Fluchtbewegung dieser Objekte ist, wurde als Expansion des Weltalls gedeutet. Damit wurde die theoretische Voraussage über eine großräumige Bewegung des Kosmos (um 1920) durch Beobachtungen bestätigt. Beim Studium der Spektren von Galaxien gelangte Hubble zu der bedeutenden Erkenntnis, daß die Fluchtbewegung der Sternsysteme um so größer ist, je weiter sie vom Milchstraßensystem entfernt sind (Hubble-Effekt). Die von Hubble gefundene gesetzmäßige Zunahme der Fluchtgeschwindigkeit mit wachsender Entfernung der Sternsysteme wird als Hubble-Konstante bezeichnet. Hubble ermittelte einen Wert von $H_0 = 580$ km/s · Mpc. Exaktere Entfernungsbestimmungen verkleinerten später diesen Wert mehrmals.

↗ Expansion des Universums, S. 157
↗ Fluchtgeschwindigkeit, S. 58, 158
↗ Hubble-Konstante, S. 158

## Herausbildung der modernen Kosmologie

Auf der Grundlage der Allgemeinen Relativitätstheorie von Albert Einstein (1915) und der später entdeckten Expansion des Weltalls (1929) entstand am Anfang des 20. Jh. die moderne Kosmologie, die sich mit der Struktur und Entwicklung des Universums als Ganzem befaßt und dazu Weltmodelle erarbeitet. Die Kosmologie wurde neben der Kosmogonie (Erforschung der Evolution kosmischer Objekte) ein dominierender Forschungszweig der Astronomie.

Um 1920 entwickelten A. Friedmann und W. de Sitter auf der Basis der Allgemeinen Relativitätstheorie Weltmodelle, die von einer großräumigen Bewegung des Kosmos ausgingen, die später durch Beobachtungsbefunde (1929) bestätigt wurde.

↗ Weltmodelle, S. 159

## Entwicklung der Urknall-Theorie

**7**

1927 veröffentlichte A. G. Lemaître eine Theorie, die G. Gamow später physikalisch untermauerte (1948), nach der die Entstehung des heutigen Weltalls aus einem sehr heißen und superdichten Zustand der Materie explosionsartig (Urknall, big bang) erfolgte. Die Urknall-Theorie wurde besonders nach 1980 modifiziert. So schlug A. Guth ein inflationäres Modell vor (1983).

Außerdem entstanden zur Urknall-Theorie Alternativen.

■ Die Entdeckung der Drei-Kelvin-Strahlung (1965) ist ein hervorragender Beobachtungsbeleg für die theoretischen Voraussagen von Lemaître und Gamow.

↗ Urknall, S. 161
↗ Inflationäres Weltall, S. 162

**181**

## ZEITTAFEL ZUR GESCHICHTE DER ASTRONOMIE

Die Zeittafel verdeutlicht an ausgewählten Daten wichtige Etappen der Wissenschaftsgeschichte, die zur Herausbildung des heutigen astronomischen Weltbildes führten.

| | |
|---|---|
| um 3000 v. Chr. | Ägypter entwickeln einen Kalender auf der Basis des 365tägigen Sonnenjahres. |
| 3379 v. Chr. | Die Mayas beobachten eine totale Sonnenfinsternis (15. 2. 3379 v. Chr.). |
| um 2700 v. Chr. | Babylonier benennen die wichtigsten Sternbilder. |
| um 1250 v. Chr. | Chinesen meißeln Sternkarten in Steine. |
| um 1200 v. Chr. | Babylonier teilen die scheinbare Sonnenbahn in 12 Tierkreiszeichen ein. |
| 763 v. Chr. | Erste datierte totale Sonnenfinsternis in Babylonien. |
| um 450 v. Chr. | Philolaos von Kroton verbreitet die Ansicht, daß der Mittelpunkt der Welt ein Zentralfeuer ist, um das sich Sonne, Erde und Planeten bewegen. |
| um 370 v. Chr. | Eudoxos von Knidos konstruiert eine Theorie der homozentrischen Sphären zur Erklärung der Planetenbewegungen. |
| um 350 v. Chr. | Aristoteles begründet die Kugelgestalt der Erde aus dem kreisförmigen Erdschatten bei Mondfinsternissen. |
| um 270 v. Chr. | Aristarch von Samos vertritt spekulativ das heliozentrische Weltbild. Er versucht, die Entfernungen von Sonne und Mond aus geometrischen Konstruktionen zu bestimmen. |
| um 220 v. Chr. | Eratosthenes ermittelt erstmals den Erdumfang und findet die Neigung der Ekliptik. |
| um 150 v. Chr. | Hipparch stellt in Katalogen Positionen und Helligkeiten von Sternen zusammen und entdeckt u. a. die Präzession. |
| um 150 | Claudius Ptolemäus (100-178) faßt das astronomische Wissen der Antike in seinem Werk „Mathematices syntaxeos biblia XII" zusammen, welches später den Namen „Almagest" erhielt und begründet darin das geozentrische Weltbild. |
| 1252 | Im Auftrag Alfons X. von Kastilien werden die bekanntesten Planetentafeln des Mittelalters berechnet. |

**7**

| 1420 | Ulugh Beg errichtet in Samarkand eine Sternwarte und beobachtet Sterne des ptolemäischen Katalogs. |
|---|---|
| 1460 | Georg Purbach (1423-1461) und Johannes Müller (Regiomontanus, 1436-1476) verbessern auf der Grundlage von Planetenbeobachtungen das geozentrische Weltbild. |
| 1474 | Regiomontanus veröffentlicht erstmals berechnete Planetenephemeriden. |
| 1543 | Das Hauptwerk des Nicolaus Copernicus (1473-1543) erscheint unter dem Titel „De revolutionibus orbium coelestium libri VI". Es begründet das heliozentrische Weltbild. |
| 1588 | Tycho Brahe (1546-1601) veröffentlicht eine Planetentheorie, die einen Kompromiß zwischen dem geozentrischen und heliozentrischen Weltbild darstellt. Brahe gilt als größter Beobachter der vorteleskopischen Zeit. |
| 1600 | Giordano Bruno (1543-1600) wird von der Inquisition als Ketzer verurteilt und auf dem Scheiterhaufen verbrannt. Für ihn ist das Weltall grenzenlos mit unendlich vielen Sonnen, um die sich Planeten bewegen sollen, auf denen teilweise Leben existieren kann. |
| 1609 | Johannes Kepler (1546-1601) stellt in seinem Buch „Astronomia Nova" zwei mathematisch formulierte Gesetze der Planetenbewegungen vor. Das dritte von ihm gefundene Gesetz wird 1619 in seinem Werk „Harmonices mundi" veröffentlicht. |
| 1609 | Galileo Galilei (1564-1642) führt erstmals Himmelsbeobachtungen mit dem Fernrohr durch, entdeckt u. a. Mondgebirge, Sonnenflecken, vier Jupitermonde und den Phasenwechsel der Venus. In seinem Hauptwerk „Discorsi" vertritt er das heliozentrische Weltbild, was zur Verurteilung durch die Inquisition (1633) führt. |
| 1633 | René Descartes (1596-1650) beschreibt in seiner Wirbeltheorie das Weltall als Ergebnis eines geschichtlichen Entwicklungsprozesses. |
| 1676 | Olaf Römer (1644-1710) bestimmt die Lichtgeschwindigkeit aus der Verfinsterung der Jupitermonde. |
| 1687 | Isaac Newton (1643-1727) begründet in seinem Hauptwerk „Philosophiae naturalis principia mathematica" die nach ihm benannte Gravitationstheorie. |
| 1706 | Edmund Halley (1656-1742) berechnet Bahnen von Kometen, wobei er die Sonnen-Umlaufzeit des nach ihm benannten Kometen findet. |
| 1718 | Halley entdeckt die Eigenbewegungen der Fixsterne. |
| 1728 | James Bradley (1692-1762) findet auf der Suche nach Fixsternparallaxen die Aberration des Sternlichtes. |

**7**

| 1750 | Thomas Wright (1711-1786) veröffentlicht eine erste Darstellung über den Bau des Weltalls. |
|---|---|
| 1755 | Immanuel Kant (1724-1804) begründet in seiner „Allgemeinen Naturgeschichte und Theorie des Himmels" auf der Grundlage des Gravitationsgesetzes die natürliche Entstehung der Himmelskörper und die Entwicklung des Weltalls. |
| 1781 | Friedrich Wilhelm Herschel (1738-1821) entdeckt den Planeten Uranus. |
| 1783 | Herschel findet die Eigenbewegung des Sonnensystems. |
| 1784 | Herschel gibt Beobachtungsresultate über den Aufbau des Milchstraßensystems bekannt und begründet damit die Stellarstatistik. |
| 1794 | Ernst Lorenz Friedrich Cladni (1756-1827) schlußfolgert aus Untersuchungen den kosmischen Ursprung der Meteoriten. |
| 1796 | Pierre Simon Laplace (1749-1827) erklärt die Entstehung der Planeten als von der Sonne abgestoßene Gasringe. |
| 1801 | Guiseppe Piazzi (1746-1826) findet den ersten Planetoiden, die Ceres. Herschel erkennt die physische Natur von Doppelsternen. |
| 1809 | Carl Friedrich Gauß (1777-1855) veröffentlicht seine klassische Methode zur Berechnung von Planetenbahnen. |
| 1814 | Joseph Fraunhofer (1787-1826) findet im Sonnenspektrum über 500 Absorptionslinien. |
| 1838 | Friedrich Wilhelm Bessel (1784-1846) bestimmt die Parallaxe des Sterns 61 Cygni. Gleichzeitig werden weitere Parallaxen von W. Struve und Th. Henderson bestimmt. Damit wird die unterschiedliche Entfernung der Sterne von der Erde nachgewiesen. |
| 1846 | Johann Gottfried Galle (1812-1910) gelingt die Entdeckung des Planeten Neptun auf der Grundlage des aus Störungen der Uranusbahn vorausberechneten Ortes durch Urbain Leverrier (1811-1877). |
| 1853 | Hermann Ludwig Ferdinand von Helmholtz (1821-1894) versucht, die Energiefreisetzung der Sonne mit ihrem Kontraktionsprozeß zu erklären. |
| 1859 | Gustav Robert Kirchhoff (1824-1887) und Robert Wilhelm Bunsen (1811-1899) finden das Prinzip der Spektralanalyse, deren Anwendung in der Astronomie Möglichkeiten zur Erforschung der Physik der Himmelskörper eröffnet. |
| 1861 | Karl Friedrich Zöllner (1834-1882) erfindet das Photometer zur Messung der Intensität des Sternlichtes. Er ist Mitbegründer der Astrophysik. |
| 1864 | William Huggins (1824-1910) bemerkt als erster Emissionslinien in Nebelspektren. |

7

| 1866 | Angelo Secchi (1818-1878) führt die erste Klassifikation der Sternspektren ein, die von Hermann Carl Vogel, Edward Charles Pickering und anderen ergänzt und erweitert wird. |
|------|------|
| 1868 | Huggins führt erste Messungen von Radialgeschwindigkeiten der Sterne durch. |
| 1887 | Max Wolf (1863-1932) und E. E. Barnard (1857-1923) fertigen erstmals fotografische Aufnahmen von kosmischen Objekten an. |
| 1898 | Hugo von Seeliger (1849-1924) und Jacobus Kepteyn (1851-1922) untersuchen mit statistischen Methoden die räumliche Verteilung der Sterne. |
| 1906 | Karl Schwarzschild (1873-1916) veröffentlicht eine Theorie über Sternatmosphären. |
| 1907 | Robert Emden (1862-1940) entwirft eine Theorie über den Sternaufbau. |
| 1913 | Henry Norris Russell (1877-1957) kombiniert in einem Diagramm Zustandsgrößen der Sterne (Hertzsprung-Russell-Diagramm). |
| 1915 | Albert Einstein (1879-1955) veröffentlicht die Allgemeine Relativitätstheorie, welche wissenschaftliche Grundlage für die moderne Kosmologie ist. |
| 1918 | Harow Shapley (1885-1972) untersucht die räumliche Verteilung von Kugelsternhaufen und ermittelt dabei die wahren Dimensionen des Milchstraßensystems. |
| 1920 | Wolf beweist durch Sternzählungen die Existenz von Dunkelwolken und erbringt den Nachweis, daß zwischen den Sternen absorbierende Materie existiert. |
| 1920 | Megh Nad Saha (1893-1956) entwickelt eine Theorie der Ionisation in Sternatmosphären. |
| 1922 | Alexander Friedmann (1888-1925) entwirft auf der Grundlage der Allgemeinen Relativitätstheorie das Bild eines Expansionskosmos. |
| 1923 | Edwin Powell Hubble (1889-1955) gelingt es, Entfernungen anderer Sternsysteme zu messen. Er gilt als Begründer der extragalaktischen Astronomie. |
| 1927 | John Hendrik Oort (1900-1992) und Bertil Lindblad (1895-1965) finden die differentielle Rotation unserer Galaxis. |
| 1927 | Arthur Stanley Eddington (1882-1944) gibt eine moderne Theorie über den Aufbau der Sterne heraus. |
| 1927 | Georges Lemaître (1894-1966) veröffentlicht seine Theorie über die Entstehung des heutigen Weltalls aus einem Uratom. |

7

| 1929 | Hubble und Milton Lasalle Humason (1891-1972) entdecken in den Spektren ferner Sternsysteme eine Rotverschiebung, die als Expansion des Weltalls erklärt wird. |
|------|------|
| 1930 | Clyde William Tombaugh findet den Planeten Pluto auf einer fotografischen Aufnahme. |
| 1932 | Karl Guthe Jansky (1905-1950) empfängt Radiostrahlung aus der Galaxis und öffnet damit der Astronomie ein weiteres Beobachtungsfenster. |
| 1938 | Hans Albrecht Bethe und Carl Friedrich von Weizsäcker erkennen kernphysikalische Prozesse, die Quelle der Energiefreisetzung bei Sternen sind. |
| 1943 | Walter Baade (1893-1960) folgert das Vorhandensein von zwei Sternpopulationen. |
| 1947 | Viktor Ambarzumjan findet Sternassoziationen. |
| 1949 | Purcell und Ewen entdecken die von H. C. van de Hulst und Iossif Schklowski vorhergesagte 21-cm-Linie des neutralen Wasserstoffs. |
| 1952 | Martin Schwarzschild und Allan Rex Sandage weisen durch Berechnungen nach, daß rote Riesensterne ein Stadium der Sternentwicklung sind. |
| 1958 | James A. van Allen entdeckt den Strahlungsgürtel der Erde. |
| 1959 | Erste Fotos von der Mondrückseite mit Hilfe eines Raumflugkörpers. |
| 1961 | Juri Gagarin (1934-1968) führt den ersten Raumflug eines Menschen durch. |
| 1962 | R. Rossi und Ricarrdo Giaconni finden den Röntgenstrahlungshintergrund. |
| 1963 | Maarten Schmidt entdeckt den ersten Quasar. |
| 1965 | Arno Penzias und Robert Woodrow Wilson entdecken die Drei-Kelvin-Strahlung. |
| 1965 | Rudolf Kippenhahn und Alfred Weigert entwickeln ein numerisches Modell der Sternentwicklung. |
| 1969 | Neil Armstrong und Edwin Aldrin betreten als erste Erdbewohner die Mondoberfläche. |
| 1969 | Durch radioastronomische Beobachtungen werden erstmals organische Moleküle im interstellaren Raum nachgewiesen. |
| 1974 | Nahaufnahmen entdecken Kraterstrukturen auf der Merkuroberfläche. |
| 1974 | R. A. Hulse und J. H. Taylor sichten den Doppelpulsar 1913+16(1974). |
| 1976 | Erste Bilder einer Marslandschaft werden zur Erde gefunkt. |

7

| 1977 | J. Elliot, T. Dunham und D. Mink finden ein Ringsystem beim Planeten Uranus. |
|------|------------------------------------------------------------------------------|
| 1978 | W. Christy entdeckt den Plutomond Charon. |
| 1979 | Eine Raumsonde entdeckt Schwefelvulkanismus auf dem Jupitermond Io und Ringe um den Planeten Jupiter. |
| 1982 | Entdeckung von großen materiefreien Räumen im Kosmos, ein erster Hinweis auf die Zellenstruktur des Weltalls. |
| 1986 | Nahaufnahmen des Planeten Uranus. Es werden mindestens 10 Uranusmonde entdeckt. |
| 1986 | Naherkundung des Kometen Halley mittels Raumflugkörper. |
| 1987 | I. Shelon entdeckt eine Supernova (SN 1987A) in der Großen Magellanschen Wolke. |
| 1989 | Ein Raumflugkörper entdeckt Ringe um den Planeten Neptun und findet mindestens 6 Neptunmonde. |
| 1989 | Venussonde MAGELLAN gestartet. |
| 1989 | Start des Astrometriesatelliten HIPPARCOS. |
| 1990 | Inbetriebnahme des ersten extraterrestrischen Großteleskops (HUBBLE-SPACE- TELESCOPE). |
| 1990 | Röntgensatellit ROSAT gestartet. |
| 1990 | Jupitersonde GALILEO gestartet. |
| 1991 | Start des Satelliten GRO zur Messung von Gamma-Strahlung im All. |
| 1992 | Erste Nahaufnahmen von einem Planetoiden (Gaspra). |
| 1994 | Beobachtung des Absturzes von Fragmenten des Kometen Shoemaker-Levy 9 in die Jupiteratmosphäre. |

**7**

# Astronomische und physikalische Symbole, Abkürzungen

| | | | | | | | |
|---|---|---|---|---|---|---|---|
| ☉ | Sonne | ♃ | Jupiter | ♈ | Widder | ♎ | Waage |
| ☾ | Mond | ♄ | Saturn | ♉ | Stier | ♏ | Skorpion |
| ☿ | Merkur | ⛢ | Uranus | ♊ | Zwillinge | ♐ | Schütze |
| ♀ | Venus | ♆ | Neptun | ♋ | Krebs | ♑ | Steinbock |
| ♁ | Erde | ♇ | Pluto | ♌ | Löwe | ♒ | Wassermann |
| ♂ | Mars | | | ♍ | Jungfrau | ♓ | Fische |

| | | | |
|---|---|---|---|
| ☌ | Konjunktion | $\omega$ | Abstand des Perihels vom aufsteigenden Knoten |
| ☐ | Quadratur | $q$ | kleinster Abstand von der Sonne |
| ☍ | Opposition | $Q$ | größter Abstand von der Sonne |
| ☊ | aufsteigender Knoten | ☊ | Länge des aufsteigenden Knotens |
| | | $i$ | Neigung der Bahn |
| ☋ | absteigender Knoten | $e$ | Bahnexzentrizität |
| | | $a$ | halbe große Bahnachse |
| | | $T$ | Zeitpunkt des Durchgangs durch das Perihel, Perigäum, Periastron oder dgl. |

Bahnelemente

| | | | |
|---|---|---|---|
| $a$ | Azimut | pc | Parsec |
| Å | Angström | $P,U$ | Umlaufzeit |
| AE | Astronomische Einheit | Sp | Spektraltyp |
| $d$ | Poldistanz | $t$ | Stundenwinkel |
| $f$ | Brennweite | WOZ | wahre Ortszeit |
| $g$ | Fallbeschleunigung | WEZ | Weltzeit |
| $G$ | Gravitationskonstante | $z$ | Zenitdistanz |
| $h$ | Höhe | $z$ | Rotverschiebung |
| h | Stunde | ♈ | Frühlingspunkt |
| $H_0$ | Hubble-Konstante | $\alpha$ | Rektaszension |
| $I$ | Intensität | $\delta$ | Deklination |
| $L$ | Leuchtkraft | $t$ | Sternzeit |
| Lj | Lichtjahr | $p$ | Parallaxe |
| $m$ | scheinbare Helligkeit | $\varphi$ | geographische Breite, Polhöhe |
| MEZ | Mitteleuropäische Zeit | ' | Bogenminute |
| MESZ | Mitteleuropäische Sommerzeit | " | Bogensekunde |

Die Kurzzeichen h, min, s (Stunde, Minute, Sekunde) geben hochgestellt (z. B. 23$^h$ 30$^{min}$ 24$^s$) den Zeitpunkt bzw. die Koordinate an, auf gleicher Höhe mit den voranstehenden Ziffern (z. B. 23h 30min 24s) die Zeitdauer.
36° 24' 48" bedeutet 36 Grad, 24 Bogenminuten und 48 Bogensekunden.

# Register

**Quellenverzeichnis der Abbildungen**

Dr. Kurt Becker, Tuningen: 20/2; Bildart Photos, Berlin: 28/1, 28/3; Carl Zeiss Jena GmbH, Jena: 14/1, 14/2, 29/1; Deutsche Forschungsanstalt für Luft- und Raumfahrt, Institut für Planetenerkundung, Berlin: 63/2, 65/1, 67/1, 68/1, 69/1, 69/2, 71/1, 71/2, 72/1, 73/1, 73/2, 74/1, 75/1, 81/1, 82/1, 82/2, 84/1, 84/2, 85/2, 86/1, 88/1, 88/2, 90/1, 90/2, 93/1, 95/1, 139/1; Deutsches Museum, München: 176/1; Wolfgang Lille, Stade: 103/1, 104/1, 104/2, 105/1, 105/2, 105/3; Max-Planck-Institut für Astronomie, Heidelberg: 23/1; Max-Planck-Institut für Radioastronomie, Bonn: 21/1; Hans Joachim Nitschmann, Bautzen: 24/1; U. S. Information Service, Bonn: 83/1, 103/2, 143/2, 149/2; VWV-Archiv, Berlin: 92/1, 143/1, 149/1, 150/1, 153/1, 170/2, 174/1.